イラストで
そこそこわかる

Linux
リナックス

コマンド入力からネットワークのきほんのきまで

河野 寿
Kotobuki Kawano

本書内容に関するお問い合わせについて

このたびは翔泳社の書籍をお買い上げいただき、誠にありがとうございます。弊社では、読者の皆様からのお問い合わせに適切に対応させていただくため、以下のガイドラインへのご協力をお願いしております。下記項目をお読みいただき、手順に従ってお問い合わせください。

ご質問される前に

弊社Webサイトの「正誤表」をご参照ください。これまでに判明した正誤や追加情報を掲載しています。

　　正誤表　　https://www.shoeisha.co.jp/book/errata/

ご質問方法

弊社Webサイトの「刊行物Q&A」をご利用ください。

　　刊行物Q&A　　https://www.shoeisha.co.jp/book/qa/

インターネットをご利用でない場合は、FAXまたは郵便にて、下記"翔泳社 愛読者サービスセンター"までお問い合わせください。
電話でのご質問は、お受けしておりません。

回答について

回答は、ご質問いただいた手段によってご返事申し上げます。ご質問の内容によっては、回答に数日ないしはそれ以上の期間を要する場合があります。

ご質問に際してのご注意

本書の対象を越えるもの、記述個所を特定されないもの、また読者固有の環境に起因するご質問等にはお答えできませんので、予めご了承ください。

郵便物送付先およびFAX番号

送付先住所	〒160-0006　東京都新宿区舟町5
FAX番号	03-5362-3818
宛先	株式会社翔泳社 愛読者サービスセンター

※本書に記載されたURL等は予告なく変更される場合があります。
※本書は、本書執筆時点における情報をもとに執筆しています。
※本書の出版にあたっては正確な記述につとめましたが、著者や出版社などのいずれも、本書の内容に対してなんらかの保証をするものではなく、内容やサンプルに基づくいかなる運用結果に関してもいっさいの責任を負いません。
※本書に掲載されているサンプルプログラムやスクリプト、および実行結果を記した画面イメージなどは、特定の設定に基づいた環境にて再現される一例です。
※本書に記載されている会社名、製品名はそれぞれ各社の商標および登録商標です。
※本書では、TM、©、®は割愛させていただいております。

はじめに

　UNIX が作られてから、そろそろ 50 年が経とうとしています。
　動作環境やカーネルが変化しつつも、基本的には同じ（系統の）OS が使われ続けているというのは、まさに驚異といえるでしょう。
　本書でも触れているように UNIX 自体の変遷はいろいろありましたが、そのなかでも大きな出来事といえば、「Linux」の登場と普及でしょう。
　Linux はさまざまな形（ディストリビューション）で配布されており、特に Debian 系の Ubuntu と Red Hat 系の CentOS がよく使われています。サーバーやインフラの世界では Red Hat や CentOS がよく使われているため、本書も CentOS を前提に説明しています。
　筆者が最初に Linux に触れたのは、Slackware というディストリビューションでした。この Slackware、インストーラーはありましたが、現在のもののように使いやすいものではなく、周辺機器ひとつひとつについても質問に答えてインストールしていく形式のものでした。インストールするだけでもかなり大変だった記憶があります。
　その後、自宅に光回線を導入したところ固定的 IP アドレスがついていたので、「サーバーを建てる」、いわゆる「自宅サーバー」で遊ぶことをはじめました。このときは Red Hat でサーバーを構築したのですが、思い返すと、このときの経験がとてもいい勉強になりました。
　本書では、Oracle 社が提供している VirtualBox という仮想化アプリケーションを使い、そのなかで本書用に用意した CentOS を動かしていきます。この学習環境を通じて、Linux の操作を実体験できるように構成しています。
　Linux を学ぶには、とにかく「手を動かす」ことが最善の手段です。仮想環境なので、何度でも再インストールできます。失敗を恐れず、どんどん手を動かして、基本的な知識を身につけていってください。

河野 寿

　本書は 2016 年 1 月に刊行した下記タイトルを、より Linux の基本を学びやすいように加筆・修正したものです。
　「イラストでそこそこわかる LPIC1 年生」（翔泳社）

本書の使い方

　本書は、「見るだけでLinuxの操作がある程度わかる」というコンセプトのもとにつくられています。マンガや図解イラスト、Pointをチラッと見れば、何が行われているのか、どういう動作をするのかを把握できます。
　VirtualBoxの仮想環境上でLinuxを動かしてコマンドを入力すれば、さらに理解が深まります（VirtualBoxや本書付属のCentOSのダウンロード・インストール方法については、第1章の『06』をご覧ください）。

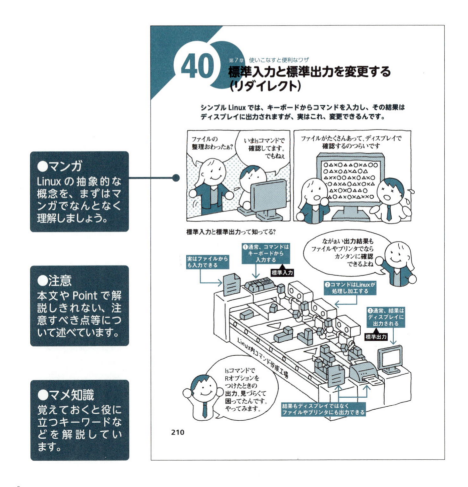

● 本書の主な読者対象
- いままで Linux を使ったことがない人
- Linux を使ったことはあるけれど、コマンドでの操作経験はない人

● 本書の執筆環境

<マシンスペック>
- OS：Windows 10 Pro 64bit
- メモリー：32GB
- ハードディスク：20TB
- CPU：Intel CPU Core i5-7600K

< Oracle VM VirtualBox >
- VirtualBox のバージョン：VirtualBox 6.0.14

<学習に使用している Linux >
- 本書付属の CentOS 7.7

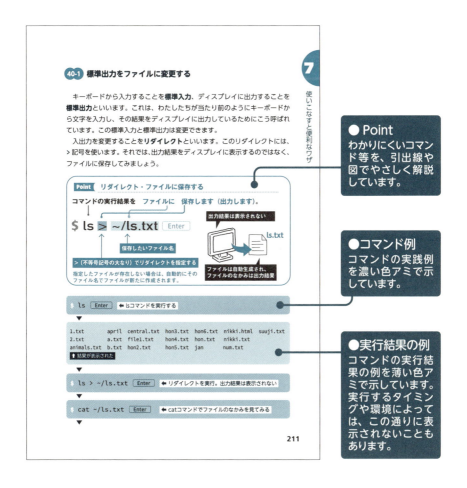

もくじ

はじめに 3
本書の使い方 4
付属データのご案内 16
会員特典データのご案内 16

第1章　学習をはじめる前に

01 縁の下の力もち、それがOS、それがLinux（リナックス）だ 18
　01-1　ソフトウェア＝応用ソフトウェア＋基本ソフトウェア　19
　01-2　LinuxはOSです。サーバー関係のアプリケーションで実績あり　19

02 Linuxに歴史あり 20
　02-1　LinuxはUNIXをベースにつくられた　21
　02-2　オープンソースのLinuxは急速に発展した　21

03 LinuxはサーバーOSとしてその力を発揮する 22
　03-1　サーバーとクライアント　22
　03-2　サーバーOSとして定評のあるLinux　23
　03-3　サーバーの代表的なアプリケーション　23

04 Linuxはゴージャスとシンプルの2つの操作方法をもつ 26
　04-1　WindowsやスマートフォンのようなゴージャスなLinux　26
　04-2　文字しか扱えないシンプルなLinux　27
　04-3　実はシンプルLinuxが主流なのです！　27

05 ディストリビューションから最適なLinuxを選択する 28
　05-1　Linuxのインストールはディストリビューション選びから　28
　05-2　ディストリビューションはネットや雑誌、量販店でゲット　29
　05-3　ディストリビューションの種類　29
　05-4　コストとサポートが選択のポイント　30
　05-5　コストは有料か無料か　30
　05-6　業務の規模によってはサポート期間が最優先　31

06 ディストリビューションをインストールしよう 32
- 06-1 　まず、インストールに必要なハードウェア要件を確認　32
- 06-2 　定石はネットからダウンロードあるいは DVD-ROM で　32
- 06-3 　USB メモリを使う　33
- 06-4 　DVD で起動する　33
- 06-5 　使わなくなったパソコンを復活させる　33
- 06-6 　マシンいらずの仮想化アプリケーションを使う　34
- 06-7 　VirtualBox に Linux をインストールする　35
- 06-8 　VirtualBox を終了する　40
- 06-9 　インストールの際の注意点　40

　第 1 章　練習問題.. 41

第 2 章　Linux にさわってみよう

07 スタートはログインから 44
- 07-1 　起動とログイン　44
- 07-2 　インストールした VirtualBox を使ってログインする　44

08 プロンプトは準備 OK の合図 46
- 08-1 　プロンプトは「いつでも準備 OK ですよ」の合図　47
- 08-2 　本書のプロンプトの書き方　47

09 コマンドを使ってみよう 48
- 09-1 　コマンド名を入力したら Enter キーを押す　48
- 09-2 　失敗してもあわてない　50
- 09-3 　引数を使えば細かい指定ができる　51
- 09-4 　アレンジしたいならオプションをつける　52
- 09-5 　オプションと引数を両方使う　53
- 09-6 　困ったら man コマンドを使う　54
- 09-7 　ゴールはログアウト　56

　第 2 章　練習問題.. 57

第 3 章　ファイルとディレクトリ操作のきほん

10 Linux ではフォルダのことをディレクトリと呼ぶ 60
- 10-1 　Linux のディレクトリは Windows のフォルダに同じ　60
- 10-2 　膨大なファイルを機能別にディレクトリに収納　61
- 10-3 　すべてのはじまりはルートディレクトリ　62

7

		10-4	絶対パスでルートディレクトリを指定する 62
		10-5	サブディレクトリと親ディレクトリ 63

11　ディレクトリからディレクトリへ移動する 64
- 11-1　ディレクトリを移動し、確認する 64
- 11-2　相対パスを使って移動する 67
- 11-3　便利な省略記号を使う 69

12　ファイルを表示する 74
- 12-1　カレントディレクトリ内のファイルを確認する 74
- 12-2　ファイルの種類をわかりやすくする 76
- 12-3　カレントディレクトリ内をくわしく見る 77
- 12-4　指定したディレクトリのなかみを確認する 78
- 12-5　更新時刻順に表示する 80
- 12-6　サブディレクトリを表示する 81
- 12-7　隠しファイルを表示する 82
- 12-8　オプションは重ねて使える 83

13　ファイルのしくみをマスターする 84
- 13-1　テキストファイルは人間用。バイナリファイルは Linux 用 84
- 13-2　Linux のスタンダードはテキストファイル 85
- 13-3　ファイル名のきほん 85
- 13-4　ファイル名の鉄則 87

14　ファイルのなかみを見る 88
- 14-1　cat コマンドを使ってファイルのなかみを表示する 88
- 14-2　less コマンドを使ってファイルのなかみを表示する 88

15　ファイルやディレクトリをコピーする 90
- 15-1　カレントディレクトリ内でコピーする 91
- 15-2　絶対パスを使ってコピーする 93
- 15-3　コピー元のファイル名をコピー先で変える 95
- 15-4　オプションの -i を使って上書き防止 96
- 15-5　オプションの -v で結果報告 97
- 15-6　ディレクトリをコピーする 98
- 15-7　複数のファイルをコピーする 100
- 15-8　初期状態に戻すには 101

16　ファイルを移動する 102
- 16-1　mv コマンドの操作方法は cp コマンドとだいたい同じ 102
- 16-2　ファイル名を変更する 103

17　ディレクトリを作成する・削除する 104
- 17-1　ディレクトリを作成する 104
- 17-2　ディレクトリ、ファイルを削除する 105

　　　第 3 章　練習問題 107

第4章 はじめてのエディター

18 WindowsのWordがLinuxではviだ 114
 18-1 Linuxのエディター 114
 18-2 操作に慣れないと地獄、慣れたら天国 115
 18-3 viはLinuxの標準エディター 115

19 viエディターを使ってみよう 116
 19-1 viエディターを起動する 116
 19-2 文字を入力する 117
 19-3 編集する 118
 19-4 カーソルを動かす 118
 19-5 ファイルを保存する 119
 19-6 viエディターを終了する 120

20 viエディターで編集してみよう 122
 20-1 ファイルを開く 122
 20-2 文字・行を削除する 123
 20-3 文字・行をコピー、貼りつける 124
 20-4 繰り返しの作業 126
 20-5 文字列を削除する 127
 20-6 動作を取り消す 127
 20-7 検索する 127
 20-8 ディスプレイをキーボードだけで自在に操る 129

21 ほかのエディターを使う 130
 21-1 Ubuntuで標準のnanoを使う 130
 21-2 Emacsを使う 131

 第4章 練習問題 132

第5章 ユーザーの役割とグループのきほん

22 ユーザーは3つに分けられる 136
 22-1 「ユーザーのなかのユーザー」が管理者ユーザー 136
 22-2 「ロボット」がシステムユーザー 137
 22-3 「ふつうのユーザー」が一般ユーザー 137

23 管理者ユーザーの仕事 138
 23-1 地味だけど、必要不可欠。管理者ユーザーの仕事 138
 23-2 ユーザー名rootでシステム管理の仕事をする 139
 23-3 システムの管理者はいつもrootでいるわけではない 139

24 管理者ユーザーの心がまえ 140
- 24-1 管理者ユーザーとしてのチカラ 140
- 24-2 モラルを守る 140
- 24-3 外部からの侵入を防ぐ 141

25 root になる方法 142
- 25-1 root でログインする 142
- 25-2 su コマンドを使う 142

26 ユーザーとグループ、パーミッション 144
- 26-1 ユーザーがまとまってグループをつくる 144
- 26-2 社内の文書は個人用・部署内用・部署外用に分けられる 145
- 26-3 ファイルごとに読み取り、書き込み、実行を設定できる 145
- 26-4 chmod コマンドでアクセス権を変更する 149
- 26-5 所属するグループを確認する 151
- 26-6 ユーザーは必ずどれかのグループに所属する決まりがある 151
- 26-7 グループのきほんはプライマリグループ 151
- 26-8 グループとユーザーを操作できるのは管理者ユーザーだけ 152

27 ユーザー関係のコマンド 153
- 27-1 ユーザーを追加する 153
- 27-2 パスワードを設定する 154
- 27-3 一般ユーザーによるパスワードの変更方法 154
- 27-4 ユーザー情報はどこにあるのか 156
- 27-5 ユーザーを削除する 156

28 グループ関係のコマンド 157
- 28-1 グループを追加する 157
- 28-2 グループにユーザーを追加する 158
- 28-3 グループを削除する 159
- 28-4 ファイルの所有者・所有グループを変更する 159

29 システム管理コマンド 161
- 29-1 CentOS 7 の終了・再起動 161
- 29-2 システムの電源を切る・システムを再起動する 161
- 29-3 電源を切る・再起動する古いコマンドも使える 162

第 5 章 練習問題 164

第6章 シェルの便利な機能を使おう

30 シェルのしくみを知ろう 168
  30-1 シェルは専用の秘書　169
  30-2 bash が Linux の標準シェル　169

31 おおまかな指示で必要なファイルを選び出す（ワイルドカード）..... 170
  31-1 ラクするための魔法の文字・ワイルドカード　170
  31-2 ? は 1 文字、* は 1 文字以上の文字の代わり　171
  31-3 カッコを使ってファイル名をまとめて書く　172

32 コマンド入力中、代わりに入力してもらう（補完機能）.................... 174
  32-1 ブラウザの補完機能　174
  32-2 シェルの補完機能を使ってみよう　174
  32-3 補完機能はコマンド名でも使える　177

33 過去のコマンド履歴を再利用する（ヒストリー機能）....................... 178
  33-1 ↑、↓ キーで過去を行き来する　178
  33-2 コマンド履歴を一覧表示する　180
  33-3 ヒストリー機能とキーボードショートカットを併用する　181

34 コマンドを別名登録する（エイリアス機能）....................................... 182
  34-1 別名をつけてエイリアスを使う　182
  34-2 コマンド名が同じ場合、解除する場合　183

35 プロンプトを変更する（シェル変数について）.................................. 184
  35-1 シェル変数 PS1 を設定するとプロンプトを変更できる　184
  35-2 シェル変数とは何か？　185
  35-3 シェル変数 PATH の役割　186
  35-4 使用する言語の設定は変数 LANG で　187

36 シェル変数のしくみと動作 189
  36-1 組み込みコマンドと外部コマンド　189
  36-2 シェル変数と環境変数　190
  36-3 bash のオプション　191

37 いつでも好きな設定を使えるようにする（環境設定ファイル）......... 193
  37-1 bash の設定ファイルをつくる　193
  37-2 .bashrc を編集する前に必ずすること　193

 第6章　練習問題 195

11

第7章 使いこなすと便利なワザ

38 便利なコマンドを使う①（echo、wc、sort、head、tail、grep）..................200
- 38-1 文字を表示する 200
- 38-2 文字数や行数を数える 201
- 38-3 ファイルのなかみを並べ替える 202
- 38-4 ファイルの先頭・末尾の10行を表示する 204
- 38-5 ファイルからキーワードのある行を抜き出す 205

39 便利なコマンドを使う②（find）..................206
- 39-1 ディレクトリの下にあるファイルを検索する 206
- 39-2 ワイルドカードを使って検索する 207
- 39-3 ディレクトリだけを検索する 208
- 39-4 作成時刻から検索する 209

40 標準入力と標準出力を変更する（リダイレクト）..................210
- 40-1 標準出力をファイルに変更する 211
- 40-2 標準出力をファイルに追加保存する 212
- 40-3 標準入力をファイルに変更する 214
- 40-4 標準エラー出力 214

41 パイプ機能を使ってさらに効率化する..................216
- 41-1 パイプ機能を使う 217

42 正規表現の第一歩..................218
- 42-1 grep＋正規表現＝egrepを使う 218
- 42-2 正規表現を使うにはメタ文字（メタキャラクタ）が必要 219
- 42-3 あるかないかをあらわす？（クエスチョンマーク） 220
- 42-4 半角1文字を肩代わりする．（ドット） 221
- 42-5 何文字でもOKの＊（アスタリスク） 222
- 42-6 1文字の候補をまとめて指定する[ ]（大カッコ） 223
- 42-7 1文字候補を省略して書く 224
- 42-8 単語候補をまとめて書く 225

43 シンボリックリンク..................226
- 43-1 ハードリンクとシンボリックリンク 226
- 43-2 シンボリックリンクをつくる 227
- 43-3 シンボリックリンクのコピー・削除 228
- 43-4 iノードと残数の確認方法 229

44　アーカイブ・圧縮（gzip・tar）..230
　　44-1　アーカイブと圧縮は違う　230
　　44-2　tar コマンドを使ってアーカイブする　230
　　44-3　tar コマンドで展開する　232
　　44-4　gzip コマンドで圧縮する　232
　　44-5　tar コマンドと gzip コマンドを組み合わせる　233

第7章　練習問題..234

第8章　ソフトウェアとパッケージのきほん

45　RPM パッケージと rpm コマンド..238
　　45-1　本格的なインストールは敷居の高い作業　238
　　45-2　RPM パッケージを利用したインストール　239
　　45-3　すべてのパッケージを一覧表示する　240
　　45-4　パッケージのくわしい情報を表示する　241

46　パッケージを yum コマンドで管理する（CentOS）.........................242
　　46-1　yum コマンドでパッケージをインストールする　242
　　46-2　パッケージの一覧を表示する　243
　　46-3　パッケージのアップデートを確認する　243
　　46-4　パッケージをまとめてアップデートする　245
　　46-5　パッケージの情報を確認する　246
　　46-6　インストールしたいパッケージを検索する　247
　　46-7　パッケージをインストールする　248
　　46-8　パッケージを削除する　249
　　46-9　パッケージの全文検索　250

第8章　練習問題..251

第9章　ファイルシステムのきほん

47　ファイルシステムは何をしている？..254
　　47-1　ファイルシステムの仕事　254
　　47-2　ファイルを管理する方法　255
　　47-3　デバイスファイル　256

48　Linux のファイルシステム...258
　　48-1　Linux では ext 形式のファイルシステムが標準　258
　　48-2　ディレクトリ構造とマウント　259

49 ファイルシステムの使い方 260
- 49-1　パーティションを作成する　260
- 49-2　ファイルシステムを作成する　261
- 49-3　マウント、アンマウントする　261
- 49-4　fstab と自動マウント　262

第 9 章　練習問題 263

第10章　プロセスとユニット、ジョブのきほん

50 プロセス、ユニットとは何か 266
- 50-1　プロセスの定義　266
- 50-2　ps コマンドを使ってプロセスを見る　267
- 50-3　プロセスの終了　268
- 50-4　ユニットとサービス（デーモン）の管理　270

51 ジョブを操作する 273
- 51-1　ジョブとは何か　273
- 51-2　ジョブを停止する　274
- 51-3　ジョブをフォアグラウンドで再開（実行）する　275
- 51-4　ジョブをバックグラウンドで再開（実行）する　276

第 10 章　練習問題 277

第11章　ネットワークのきほん

52 そもそもネットワークって Linux と関係あるの？ 280
- 52-1　ネットワークと Linux には深い関係がある　281
- 52-2　マシンが 2 台あればネットワークになる　281

53 プロトコルと TCP/IP 282
- 53-1　プロトコルは階層構造　282

54 IP アドレスとサブネット 284
- 54-1　IP アドレス　284
- 54-2　IP アドレスとサブネット　286
- 54-3　クラスと CIDR　288
- 54-4　ネットマスクとプレフィックス表記　289
- 54-5　サブネットと IP アドレスの制限　291
- 54-6　プライベート IP アドレス　292
- 54-7　固定的 IP アドレスと DHCP　293

55 パケットとルーティング 295
- 55-1 データ通信のきほんはパケット　295
- 55-2 パケットを送信してネットワークを診断する　296

56 名前解決 298
- 56-1 ドメイン名と IP アドレス　298
- 56-2 DNS サーバーは何をするのか　299

57 ポート番号 300
- 57-1 サーバーとポート番号　300
- 57-2 ルーターでも使われるポート番号　301

58 ネットワーク設定のきほん 302
- 58-1 ネットワークとマシンのきほん的な構成　302
- 58-2 ip コマンドでネットワークインターフェースを確認する　304
- 58-3 ネットワークインターフェースを有効化する　306
- 58-4 nmtui で固定的 IP アドレスを設定する　308
- 58-5 nmcli コマンドで IP アドレスを設定する　311
- 58-6 nmcli コマンドでデバイスを表示する　313

59 ネットワークコマンドの簡単なまとめ 314
- 59-1 ip コマンドで情報を得る　314
- 59-2 ping コマンドで応答があるかどうかを確認する　314
- 59-3 tracepath コマンドで経路を確認する　315
- 59-4 nmcli コマンドはいろいろ確認できる　316

第 11 章　練習問題 317

第 12 章　レンタルサーバー、仮想サーバー、クラウドのきほん

60 レンタルサーバーから仮想サーバー、クラウドへ 320
- 60-1 レンタルサーバーとは　321
- 60-2 仮想サーバーとは　323
- 60-3 VPS からクラウドへ　324

第 12 章　練習問題 326

さくいん 328

付属データのご案内

　本書で使用している学習環境のLinux（CentOS 7）は、本書の「付属データ」として以下のWebサイトからダウンロードできます。

　https://www.shoeisha.co.jp/book/download/9784798161785

※ 容量が大きいので、ダウンロードが完了するまでに時間がかかる場合があります。
※ 付属データは.zipで圧縮しています。ご利用の際は、必ずご利用のマシンの任意の場所に解凍してください。

会員特典データのご案内

　本書では、紙面の都合上、書籍本体で掲載できなかった演習問題を追加コンテンツとしてPDF形式で提供しています。
　会員特典データを入手するには、以下の内容を参考にしてください。

① 以下のWebサイトにアクセスしてください。

　https://www.shoeisha.co.jp/book/present/9784798161785

② 画面に従って、必要事項を入力してください。無料の会員登録が必要です。
③ 表示されるリンクをクリックし、ダウンロードしてください。

◆注意
※ 会員特典データのダウンロードには、SHOEISHA iD（翔泳社が運営する無料の会員制度）への会員登録が必要です。詳しくは、Webサイトをご覧ください。
※ 会員特典データに関する権利は著者および株式会社翔泳社が所有しています。許可なく配布したり、Webサイトに転載したりすることはできません。
※ 付属データおよび会員特典データの提供は、予告なく終了することがあります。あらかじめご了承ください。

◆免責事項
※ 付属データおよび会員特典データの内容は，本書執筆時点の内容に基づいています。
※ 付属データおよび会員特典データの提供にあたっては正確な記述につとめましたが、著者や出版社などのいずれも、その内容に対してなんらかの保証をするものではなく、内容やサンプルに基づくいかなる運用結果に関してもいっさいの責任を負いません。

第1章 学習をはじめる前に

01 縁の下の力もち、それが OS、それが Linux（リナックス）だ
02 Linux に歴史あり
03 Linux はサーバー OS としてその力を発揮する
04 Linux はゴージャスとシンプルの 2 つの操作方法をもつ
05 ディストリビューションから最適な Linux を選択する
06 ディストリビューションをインストールしよう

01 縁の下の力もち、それがOS、それがLinux（リナックス）だ

第1章 学習をはじめる前に

ソフトウェアには基本ソフトウェアと応用ソフトウェアがあります。応用ソフトウェアはアプリケーションソフト、基本ソフトウェアはOSと呼ばれることもあります。

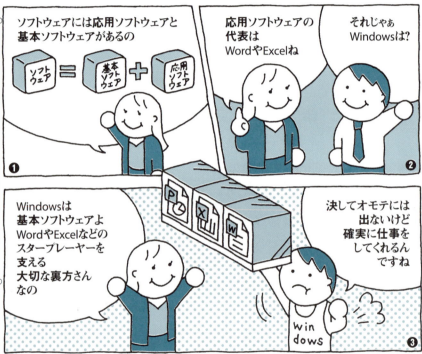

01-1 ソフトウェア＝応用ソフトウェア＋基本ソフトウェア

コンピューターの**ソフトウェア**というと、頭にすぐ浮かぶのが Word や Excel、あるいはゲームなどの**応用ソフトウェア**です。この応用ソフトウェアが華麗に活躍するためには、その裏で**基本ソフトウェア**が地味にきっちり働く必要があります。

スポーツの試合でこの 2 つをたとえると、応用ソフトウェアは花形選手、基本ソフトウェアは審判や運営・整備などの裏方さんにあたります。どちらが欠けても、試合はうまく進行していきません。もちろん、

> Windows や macOS、Linux はすべて裏方の基本ソフトウェアです。

さて、この応用ソフトウェアと基本ソフトウェアですが、別名がたくさんあります。応用ソフトウェアは**応用ソフト**、**アプリケーションソフト**、**アプリケーション**、あるいはもっと略して、**アプリ**や**ソフト**と呼ばれることもあります。一方、基本ソフトウェアは、**基本ソフト**、**オペレーティングシステム**（Operating System）と呼ばれることもあります。言いにくいので、オペレーティングシステムの頭文字を取って簡単に **OS**（オーエス）と呼ばれることが多いようです。

01-2 Linux は OS です。サーバー関係のアプリケーションで実績あり

Linux は OS です。Linux にも Word や Excel のようなアプリケーションがありますが、その多くは、不特定多数の人がインターネット上で使うネットワーク関係のものです。たとえば、パソコンやスマートフォンで Web ブラウザやメールは頻繁に使われていますが、その後ろではインターネット上でデータをやり取りするために、Linux 上で動くアプリケーションが活躍しています。

02 Linuxに歴史あり

第1章 学習をはじめる前に

日進月歩のコンピューターの世界で50年以上生き続けるUNIX。UNIXを父にもつLinuxの誕生の歴史を、少しだけのぞいてみましょう。

Linuxへの道のり

① 基本ソフトウェアであるUNIX（ユニックス）は、1960年代終わりにアメリカのAT&Tベル研究所で生まれました。

開発者のひとり
デニス・B・リッチー

② その後、法律上の問題からAT&TはUNIXのソースコード（プログラム）を社外に配布することになりました。

③ 1970年代、大学や研究機関を中心にUNIXはどんどん広まっていきます。

④ この頃、学生のビル・ジョイが中心になってUNIXの改良版「BSD」を生み出します。BSD版のUNIXでネットワーク環境を実現しました。

リーナス・トーバルズ　　ビル・ジョイ

⑧ 現在では大学や研究機関だけでなく、企業や学校、官公庁などでも広く採用されています。

⑦ その後、インターネットを利用して、多くの人がLinuxの開発に参加し、Linuxは急速に発展していきます。

⑥ 1990年代、UNIXと互換性のあるOS（Linux）を、フィンランドの学生リーナス・トーバルズが独力でつくりはじめます。

⑤ 1980年代、カーネギーメロン大学で改良されたUNIXは、その後、AppleのmacOSの原型となります。

02-1 LinuxはUNIXをベースにつくられた

　Linuxは、**UNIX**（ユニックス）を参考につくられています。Linuxだけでなく、OpenBSD（オープンビーエスディー）などのOSもそうです（次の表参照）。そのため、これらのOSはUNIX系OSと呼ばれています。ちなみに、macOSもFreeBSDなどのBSD系と同じ流れをくむUNIX系OSです。

OS	説明
macOS	Apple社がチューンナップしたUNIX系OS
Linux	オープンソースのUNIX系OS
OpenBSD	オープンソースのUNIX系OS
Android	Google社がスマートフォン用にLinuxを改良してつくったOS
iOS	Apple社がiPhone用にmacOSを改良してつくったOS
Solaris	Oracle社がチューンナップしたUNIX

02-2 オープンソースのLinuxは急速に発展した

　LinuxがMicrosoft社のWindows 10、あるいはApple社のmacOSなどと決定的に違うのは、**オープンソース**でつくられているということです。
　オープンソースは、アプリケーションやOSのプログラム（ソースコード）をすべてインターネット上で公開し、世界中の人々が、自由にチェックし、チューンナップ（改良）できます。そのため、比較的短期間でバージョンアップが行われ、バグの少ない状態で提供されています。

> 💡 **マメ知識**
>
> **カーネル**
> コンピューターのハードウェアを制御するOSの心臓部分。厳密にいうと、リーナス・トーバルズはLinuxのカーネルをつくりました。

03 Linux はサーバー OS として その力を発揮する

第1章 学習をはじめる前に

なぜ、Linux はネットワーク関連のアプリケーションが充実しているのでしょうか？ 具体的にどんなアプリケーションがあるのでしょうか？

03-1 サーバーとクライアント

パソコンやスマートフォンは、ネットワークにつながることで Web やメール、あるいは音楽やムービーなど、さまざまなデータを受け取ります。このとき、データを提供する側を**サーバー**、サーバーに対してデータを要求する側を**クライアント**といいます。たとえば、Web ページにアクセスして閲覧する Web ブラウザはクライアント、Web ブラウザに対して Web ページのデータを提供するのが（Web）サーバーです。

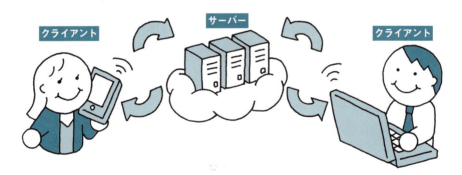

💡 マメ知識

クライアント・サーバー型

データを提供するサーバーと受け取るクライアントというふうに、その役割をきっちり分けるしくみをクライアント・サーバー型と呼ぶ。インターネットで提供されているサービスの多くは、クライアント・サーバー型である。

03-2 サーバー OS として定評のある Linux

サーバー OS とは、さまざまなサーバー関連のアプリケーションを使うのに適した OS のことをいいます。サーバー OS の特徴を具体的にあげると、

- インターネット上で、多くのアクセスに対応できる
- しかも速い
- 安定していて信頼性がある
- ライセンス問題（たとえば「最大同時接続数10台まで」などの制約）をクリアしている
- プライスパフォーマンスが高い（たとえば1台でなるべくたくさんのサーバーを動かせる）
- メンテナンスが容易

などがあります。Linux は、上の条件をみたしたサーバー OS であり、しかも原則無償で利用できるため、個人や企業、研究機関など、世界中で普及してきました。

> **マメ知識**
>
> **サービスとは**
> クライアントからのリクエストに応じて、レスポンスというかたちで応答を返すしくみのこと。

03-3 サーバーの代表的なアプリケーション

サーバーを動かすサーバーアプリケーションはたくさんあります。ここでは Linux に標準装備されているサーバー関係のアプリケーションを、機能別に紹介していきましょう。

サーバーの種類	代表的なアプリケーション	説明
Webサーバー	**Apache** （アパッチ） **Nginx** （エンジンエックス）	Webブラウザに必要なアプリケーション。現在では、PHPやPerlなどのプログラミング言語、MySQLやPostgreSQLなどのデータベースを併用して、複雑なWebページをつくることが主流となっています。

メールサーバー	**Postfix** （ポストフィックス） **Sendmail** （センドメール） **Dovecot** （ダブコット） **POP/POP3** （ポップ） **IMAP** （アイマップ）	メールをやり取りするのに必要なアプリケーション。メールを送信するためのSMTPサーバーと、受信するためのPOPサーバー、IMAPサーバーと複数のサーバーが必要になります。

ファイルサーバー	**Samba** （サンバ）	ネットワーク上でファイルをやり取りするのに必要なアプリケーション。SambaはWindows用のファイルサーバーとして利用できます。

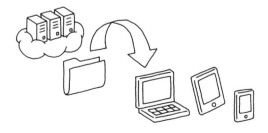

サーバーの種類	代表的なアプリケーション	説明
DNS サーバー	**BIND** （バインド）	ドメイン名を IP アドレス（第 11 章の『54』参照）に変換するアプリケーション。

FTP サーバー	**vsftpd** （ブイエスエフティピーディー） **ProFTPD** （プロエフティピーディー）	主に Web サーバーなどにデータをアップロード、もしくはダウンロードするためのアプリケーション。
データベースサーバー	**MySQL** （マイエスキューエル） **PostgreSQL** （ポストグレスキューエル） **MariaDB** （マリアディービー） **Oracle 社の Oracle Database**	データベースを運用・管理するアプリケーションをデータベース管理システムといいます。データベースとデータベース管理システムを備え、Web サーバーなどにデータを提供するサーバーをデータベースサーバーといいます。

プロキシサーバー	**Squid** （スクウィッド）	特定の Web サイトへのアクセス制限や Web ページの閲覧履歴の保存などの機能、さらにはセキュリティ上のメリットなどから、企業内で Web サーバーの代わりとして利用されることが多いようです。

04 Linux はゴージャスとシンプルの2つの操作方法をもつ

第1章 学習をはじめる前に

今度は、アプリケーションを操作するためのインターフェースを見てみましょう。Linux にはゴージャスとシンプルの2つの操作方法が用意されています。

04-1 Windows やスマートフォンのようなゴージャスな Linux

現在、パソコンやスマートフォンで一般的なのが **GUI**（Graphical User Interface）という方式です。ディスプレイにアイコンやウィンドウが並び、マウスを使ったり指でタッチしたりして、アプリケーションを動かしていきます。

Linux でもこの GUI が使えます。画面に並ぶアイコンをマウスで操作する、ゴージャスな Linux です。試しに、Linux の画面（画像は CentOS 7 のもの）を見てみましょう。

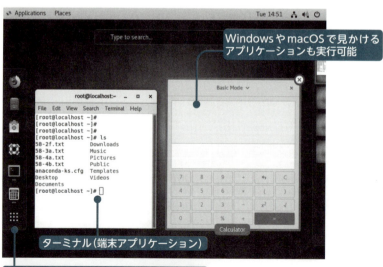

04-2 文字しか扱えないシンプルなLinux

一方、**CUI** を使ったシンプルな操作方法の Linux もあります。華やかな GUI が普及するずっと前から、CUI（Character User Interface）は使われてきました。CUI の画面は文字だけです。入力に使えるのも、基本的にキーボードだけ。ひたすら文字を入力して操作していきます。

名称	操作方法	表示されるもの	説明
GUI	マウスとキーボード	テキスト・アイコン・画像	ジーユーアイと読む。Graphical User Interface の略
CUI	キーボードのみ	テキストのみ	シーユーアイと読む。Character User Interface の略

04-3 実はシンプルLinuxが主流なのです！

シンプル Linux はゴージャス Linux に比べてぶっきらぼうですが、

- 慣れると手が覚えて操作スピードが速く、効率的
- 遠隔操作の多いサーバー関係のアプリケーションでは、GUI は使えないときが多い
- 定型業務などを自動化しやすい

などのメリットも多いため、こちらが主流となっています。本書も第 2 章以降、シンプル Linux、すなわち CUI による Linux の操作を説明していきます。

05 ディストリビューションから最適なLinuxを選択する

第1章 学習をはじめる前に

Linuxをインストールするためには、たくさんあるディストリビューションから最適なものを選択する必要があります。ポイントになるのは、コストとサポート期間です。

05-1 Linuxのインストールはディストリビューション選びから

　Linuxはオープンソースなので、自力でカーネルをインストールして、アプリケーションも自らピックアップし、快適な環境をつくりあげることもできますが、それには時間もスキルも必要です。それよりも、たくさんある**ディストリビューション**のなかから最適なものを選ぶ方法が一般的です。

　ちょうど、マイホームを建てるとき、資金も時間もふんだんに使ってイメージ通りの豪邸を建てるより、価格や間取りを考え、最適な建売住宅を絞り込んでいくほうが現実的なのと似ています。

　ディストリビューションは、日本語で配布や頒布という意味です。ディストリビューションは、OSであるLinuxだけでなく、ユーザーの使用目的を考え、あらかじめ、

- 必要なアプリケーションもLinuxといっしょにインストールしてくれる
- すぐに使えるように、インストール時にLinuxやアプリケーションの環境を設定してくれる

ものをいいます。まさに、「即入居可の建売住宅」ですね。インストールすれば、すぐに使えるようになります。

> **マメ知識**
>
> **インストール**
> OSやアプリケーションをコンピューターに入れて使えるようにすること。セットアップ（する）ともいいます。

05-2 ディストリビューションはネットや雑誌、量販店でゲット

ディストリビューションはインターネットからダウンロードできますし、量販店で購入することもできます。インターネットからダウンロードできるものの多くは無料ですが、有料のものもあります。

05-3 ディストリビューションの種類

ディストリビューションは、市販品もあれば、インターネット・コミュニティや個人がつくっているものまで、実にさまざまです。ざっと数えただけで数百種類はあるでしょうか。その使い方も、

- 大規模なサーバー用（公共機関や大企業向け）
- 小規模なサーバー用（小企業・個人向け）
- 最新スペックのコンピューター用（Webサーバー等で大量のアクセスに備える）
- 一世代前のパソコン用（ホビー・あるいは勉強用）
- ネットワークのテスト用（開発者向け）
- 教育用

など、多彩なラインナップが揃っています。このようにたくさんあるディストリビューションですが、大きく分けて2つの系統があります。それは、**Red Hat**（レッドハット）系と **Debian**（デビアン）系です。

系列	主なディストリビューション
Red Hat 系	Red Hat Enterprise Linux（レッドハット エンタープライズ リナックス） Fedora（フェドーラ） CentOS（セントオーエス）
Debian 系	DebianGNU/Linux（デビアン・グヌーリナックス） Ubuntu（ウブントゥ）

　Red Hat 系と Debian 系ディストリビューションでは、操作体系に若干の違いがあります。また、ディストリビューションが違うと含まれるアプリケーションも違いますし、たとえ同じアプリケーションでも呼び方や使い方が違うこともあります。

05-4 コストとサポートが選択のポイント

　ディストリビューションはたくさんあるので選ぶのに苦労しそうですが、コストとサポートの 2 点に注目すればよいでしょう。

ポイント	注目点
コスト	有料か無料か
サポート期間	なるべく長期間であること

05-5 コストは有料か無料か

　まず、有料イコールサポート料だと考えてください。業務用のサーバーなど、トラブルが許されないもの、もし何かあっても速やかに復旧する必要があるのなら、有料ディストリビューションから選択します。

主な有料ディストリビューション	開発企業
Red Hat Enterprise Linux	Red Hat
SUSE Linux Enterprise Server	SUSE

無料のディストリビューションを使うのなら、問題が発生しても自力で解決するしかありません。といっても Google で調べたり、コミュニティをのぞけば、必要な情報が必ず見つかるはずです。
　無料のサーバー用ディストリビューションとして人気が高いのが、**CentOS** です。

主な無料ディストリビューション	開発企業	特徴
CentOS	Red Hat	Red Hat Enterprise Linux から商標や商用アプリケーションなどを取り除いたもの。サポートはない

05-6 業務の規模によってはサポート期間が最優先

　サポート期間も大切です。たとえば Fedora。確かに機能はすばらしいのですが、サポート期間は、2 つ先のバージョンがリリースされてから 1 か月までと決められています。Fedora のリリースは年 2 回。結局、サポート期間は 13 か月ということになります。これでは業務で利用できませんね。
　Red Hat Enterprise Linux や CentOS のサポート期間は、リリース後 10 年。コンピューターの世界で 10 年なら、たとえ企業向けでも文句なく合格です。
　Ubuntu ならば 2 年ごとにリリースされる「LTS」を選択してください。「LTS」は Long Term Support の略です。通常の Ubuntu がリリース後 9 か月しかメンテナンスされないのに対し、LTS のそれはなんとリリース後 5 年間。Ubuntu も Fedora と同じく年に 2 回リリースされますが、通常の Ubuntu はリリース後 9 か月しかメンテナンスされません。

06 ディストリビューションを インストールしよう

第1章 学習をはじめる前に

独学で Linux の使い方をマスターするには、VirtualBox を使って CentOS を仮想化して使うのが便利です。

06-1 まず、インストールに必要なハードウェア要件を確認

　ディストリビューションのなかには、古いスペックの PC にも簡単にインストールできるものもあります。ただし、サーバーに利用する場合など、その用途や使用する規模によって、高機能なマシンが必要な場合もあります。
　まず、インストールする前に要件をしっかり確認しておきましょう。ちなみに本書で使用する CentOS 7 の場合、メモリは最小 1G バイト、ハードディスクの容量は最小 10G バイトとなっています。ただし、これは CentOS 7 に必要な値です。本書では仮想環境を使っているため、仮想環境のためのリソース（メモリ、ストレージなど）も必要です。

06-2 定石はネットからダウンロードあるいは DVD-ROM で

　無料のディストリビューションをインストールするなら、以下の方法が一般的です。

- インターネットからインストールイメージファイルをダウンロードし、CD-ROM や DVD-ROM に焼く（ライティング）。このときダウンロードするマシンは Windows や Mac でかまわない
- 書籍付録のインストール用 DVD-ROM を使う

06-3 USBメモリを使う

　DVD-ROMドライブが搭載されていないマシンでは、ディストリビューションをUSBメモリに書き込み、USBメモリから起動してLinuxをインストールすることもできます。
　インストール用のUSBメモリを作成するには、UNetbootinなどのツールを利用します。

06-4 DVDで起動する

　ハードディスクにLinuxをインストールせずに、DVD-ROMから起動してすぐに使えるディストリビューションもあります。これをライブDVD（CD-ROMの場合はライブCD）といいます。
　ライブDVDは比較的簡単にLinux環境を実現できます。ただし、DVDを使うわけですから、データは基本的には保存できず動作も緩慢です。確認やテストなど、一時的な利用と割り切って使いましょう。

06-5 使わなくなったパソコンを復活させる

　ディストリビューションのなかには軽量ディストリビューションと呼ばれるものがあります。これは、低スペックのパソコンでも快適に動くように設定されたディストリビューションです。軽量ディストリビューションには、

- Tiny Core Linux（タイニーコアリナックス）
- Puppy Linux（パピーリナックス）
- Linux Mint（リナックスミント）

などがあります。こうしたディストリビューションは、256Mバイト程度のメモリ、数Gバイトのハードディスクでもインストールできます。

06-6 マシンいらずの仮想化アプリケーションを使う

　ここまでの説明では、Linux を利用するために、必ず専用のパソコンを 1 台用意する必要がありました。
　これに対して、Linux をインストールしたパソコンをアプリケーションで実現するのが**仮想化アプリケーション**です。誤解を恐れずにいうなら、仮想化アプリケーションは、

> いま使っている Windows マシンに Linux を追加できる

のです。そのために、Windows マシンを改めてインストールし直す必要もありません。もちろん、Linux マシン 1 台まるごとを Windows のアプリケーションで実現するわけですから、スピードは本物のマシンに比べ、若干遅くなります。ただし、それを補ってあまりあるほど、仮想化アプリケーションには魅力があります。たとえば、

- Linux 用にパソコンを 1 台用意する必要がない
- Window 上でつくりあげた快適な環境はそのまま。Word や Excel、あるいは Web 閲覧をしながら、Linux を使うこともできる
- 複数の Linux のディストリビューションを 1 台の Windows マシンにインストールできる
- 失敗しても何度でもやり直せる

といいことがたくさんあります。仮想化アプリケーションは、まさに、Linux の学習用にはピッタリです。

💡 **マメ知識**

仮想化アプリケーションは Windows と Linux のコンビだけではない
仮想化アプリケーションは、Linux 以外の OS もインストールできます。Windows 10 マシンにインストールできる OS には、バージョンの違う Windows 8 などがあります。

06-7 VirtualBoxにLinuxをインストールする

それでは、Windows 10のマシンに仮想化アプリケーションOracle VM VirtualBox（以下 **VirtualBox** と略す）をインストールしてみましょう。なお、本書で使用しているVirtualBox 6.0.14は64ビット対応です。32ビットのマシンには対応していないので、注意してください。

なお、以下のインストール方法は本稿執筆時点（2019年11月中旬）の情報です。

① 下記URLから、Windows用のVirtualBoxをダウンロードします。

➡ https://www.virtualbox.org/wiki/Download_Old_Builds_6_0

VirtualBox 6.0.14の下にある、「Windows hosts」をクリックすると、ダウンロードがはじまります。

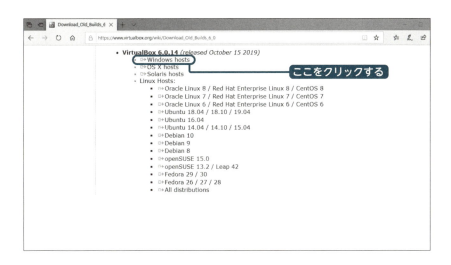

② Windows 版の場合、ダウンロードしたファイルは実行形式なので、ダブルクリックをするとインストールがはじまります。

③ 途中の表示は、すべて英語で書かれています。画面の指示に従い、「Next（次へ）」をクリックしていけば心配ありません。ただし、注意すべきことが2つあります。

- 設定は変更しない
- 途中で、「Network Adapter」をインストールするか警告（Warning）が表示されたら、その場合も「Yes」をクリックする

④ 最後は「Finish」をクリックして、VirtualBox のインストールは終了です。

⑤ 次に、本書のためにつくられた VirtualBox 用の仮想マシンのデータをダウンロードします。

翔泳社 ➡ http://www.shoeisha.co.jp/book/download/9784798161785

⑥ ダウンロードが終わったら zip ファイルを任意の場所に展開（解凍）しておきます。

36

⑦ VirtualBoxを起動します。デスクトップにあるVirtualBoxのアイコン
をダブルクリックします。起動画面が表示されたら、「ファイル」メニュー
から「仮想アプライアンスのインポート」を選択します。

⑧ 「インポートしたい仮想アプライアンス」のファイル参照アイコンをクリッ
クし、⑥で解凍したファイル (SokoSoko_CentOS7.ova) を読み込ませ
ます。

⑨ 「次へ」をクリックして、次の画面で「インポート」をクリックすると、
イメージファイルの読み込みがはじまります。

⑩ インポートが成功すると、VirtualBox の左側に仮想マシンが登録されます。

⑪ 仮想マシンを起動するには、登録された仮想マシンをダブルクリックします。すると、仮想マシンのウィンドウが立ち上がります。

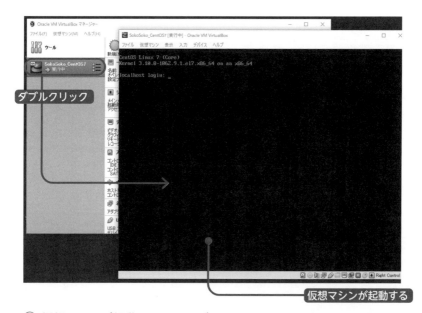

⑫ 仮想マシンが起動したら、ログインします。具体的な方法は第2章で紹介します（第2章の『07-2』参照）。

⚠ 注意

ダウンロードした仮想環境は、IP アドレスに「NAT」の設定を行っているので、仮想環境内部では「10.0.x.0/24」という IP アドレスが VirtualBox から与えられます（第 11 章の『58-2』参照）。

⚠ 注意

より詳細な VirtualBox と CentOS のインストール方法については、下記サイトから付属データとしてダウンロードできる PDF ファイルで紹介しています。

翔泳社 ➡ http://www.shoeisha.co.jp/book/download/9784798161785

なお、内蔵 USB のタイプによっては、手順⑪で仮想マシンが起動しないことがあります。その場合には、仮想マシンをクリックしたあと、メニューにある「設定」で「USB」を選択し、リストから「USB1.1」などに変更すると、うまく起動することがあります。

💡 マメ知識

仮想環境（ゲスト OS）とホスト OS の切り替え

仮想環境のウィンドウをクリックすると、キーボードやマウスの操作が仮想環境に移行します。仮想環境から元の OS（ホスト OS）に戻るには、「ホストキー」を押します。デフォルトの状態では、ホストキーは「右の Ctrl キー」に割り当てられています。ホストキーの割り当て状況や操作が仮想環境に移行しているかどうかは画面右下に表示されます。

また、仮想マシンのメインメニューにある「Host +」というショートカットは、このホストキーのことなので、何度も行う作業はこのショートカットを使うと便利です。

06-8 VirtualBoxを終了する

　VirtualBoxを終了させるには、「ファイル」メニューから「終了」を選択するか、画面右上にある［×］ボタンをクリックします。なお、仮想マシンを終了させるにはsystemctl poweroffコマンドを使用します（第5章の『29-2』参照）。

06-9 インストールの際の注意点

　本書で使用しているVirtualBox 6.0.14は、64ビットのOSをホストマシンとして利用できます。
　VirtualBoxは通常のアプリケーションと同じ程度のリソース（メモリーおよびハードディスクなどの容量）しか消費しませんが、その状態でゲストOSが必要とするメモリやハードディスクに余裕が必要です。
　なお、本書では、Windows 10 Pro 64bit、メモリー32GB、ハードディスク20TB、CPU Core i5-7600Kという環境で各種動作を確認してあります。

VirtualBoxがサポートするWindows（2019年11月中旬）

　本稿執筆時点でVirtualBox 6.0.14がホストマシンとしてサポートしている主なWindows OSを掲載しておきます。対応しているのは64ビットマシンだけです。

- Windows 8
- Windows 8.1
- Windows 10
- Windows Server 2012
- Windows Server 2012 R2
- Windows Server 2016
- Windows Server 2019

問題 1

Linux のようにプログラムのソースコードを誰もが入手して見ることのできるしくみを何といいますか？

ⓐ パブリックドメイン
ⓑ オープンソース
ⓒ バーチャルドメイン
ⓓ ライセンスフリー

問題 2

ユーザーのリクエストに対して返答するコンピューターを何と呼びますか？

ⓐ サーバー
ⓑ ポインター
ⓒ アプリケーション
ⓓ Web システム

問題 3

Linux のディストリビューションは大きく 2 つに分けられ、その 1 つは Debian 系。もう 1 つは何系ですか？

ⓐ Windows
ⓑ VirtualBox
ⓒ macOS
ⓓ Red Hat

解答

問題 1 解答

正解はⓑのオープンソース。

通常の商用ソフトウェアでは企業秘密であるソースコードを公開して、誰でも見たり加工できるようにして、世界中の多くのエンジニアが力を合わせて優れたソフトウェアを開発するためのしくみです。

問題 2 解答

正解はⓐのサーバー。

ユーザー側のコンピューターを「クライアント」と呼び、クライアントからのリクエストに対して返答するシステムをクライアント・サーバー型コンピューティングと呼びます。またサーバーという場合、利用されるコンピューターそのもの（ハードウェア）とその上で動くソフトウェアのそれぞれを指す場合もあります。

問題 3

正解はⓓの Red Hat。

Red Hat 系には、Red Hat Enterprise Linux、Fedora、CentOS のディストリビューションがあります。Fedora、CentOS は、Red Hat Enterprise Linux から商標や商用アプリケーションなどを取り除いたもので、サポートはありません。

第2章 Linuxにさわってみよう

- 07 スタートはログインから
- 08 プロンプトは準備OKの合図
- 09 コマンドを使ってみよう

07 スタートはログインから

第2章　Linuxにさわってみよう

Windows や Mac と同様、Linux のスタートもログインからはじまります。ただし、ログインするには、あらかじめユーザー名とパスワードをシステム管理者が登録する必要があります。

07-1　起動とログイン

コンピューターの電源をオンして、実際に操作ができる状態になるまでを**起動する**といいます。Linux では起動すると、正規ユーザーかどうかをチェックするために**ユーザー名**と**パスワード**を入力する必要があります。これを**ログイン**といいます。

07-2　インストールしたVirtualBoxを使ってログインする

VirtualBox（第 1 章の『06-7』参照）を起動し、インポートした本書用の CentOS を開きます。起動した CentOS の画面をクリックすると、キーボードやマウスが使えるようになります。ユーザー名とパスワードを使ってログインします。

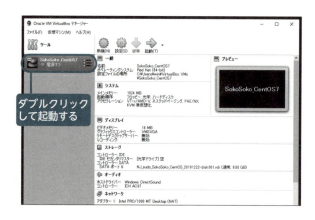

▼

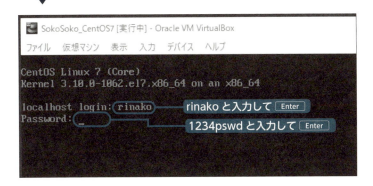

本書用の CentOS は CUI で操作します。使うものはキーボードだけ。ユーザー名を入力し、正しいパスワードを入力すると、ログインできます。

ログインにはユーザー名とパスワードが必要です。ここで使用するユーザー名は「rinako」、パスワードは「1234pswd」です。入力をまちがえても、もう一度「login:」というプロンプトが表示されるので、落ち着いて入れ直しましょう。大文字・小文字も区別されるので注意しましょう。

一般的なログインの方法は次のようになります。

```
localhost login:
```
← カーソルが点滅している。文字が入力できる合図
↑「localhost」はユーザーによって違う

▼

```
localhost login: rinako Enter
```
↑ ユーザー名を入力して Enter キーを押す

▼

```
Password:
```
↑ ユーザー名の次はパスワードを入力して Enter キーを押す。画面にパスワードは出ない

▼

```
$
```
↑ ログインできるとプロンプトが登場する（ここでは$のマークだが、マシンによって違う）

08 プロンプトは準備OKの合図

第2章 Linuxにさわってみよう

画面に登場するプロンプトは、いつでもコマンド（次節の『09』参照）を実行できる合図です。

08-1 プロンプトは「いつでも準備OKですよ」の合図

プロンプトは「いつでも準備 OK ですよ」という Linux からの合図です。ここから、Linux のコマンドを実行していきます。**コマンド**とは、Linux に用意されている命令のことで、アプリケーションに相当します。

このプロンプトが表示されている画面を**コマンドライン**などといいます。

08-2 本書のプロンプトの書き方

Point 本書のプロンプトは $、管理者ユーザーの場合は # で統一

[kouhai@localhost ~] $
[rinako@localhost ~] $

❶プロンプトはいろいろあって混乱するので
❷本書は「$」で統一します
❸ただし、管理者ユーザーのときは「#」を使います

ユーザーごとに違うプロンプトを表現するために、本書ではプロンプトを「白文字で **$**」として統一します。コマンドの説明のなかで白文字の「$」があれば、頭のなかで、みなさんのプロンプトに置き換えてください。

[rinako@localhost ~]$ ← プロンプトはユーザーによってそれぞれ違う
▼
$ ← 本書では、プロンプトを統一してこう表現する

ただし、管理者ユーザーのときは「白文字で #」と表示しています。

← 管理者ユーザーのときは、プロンプトをこう表現する

09 コマンドを使ってみよう

第2章 Linux にさわってみよう

まずは簡単なコマンドをいくつか試してみましょう。

09-1 コマンド名を入力したら Enter キーを押す

さっそくコマンドを使ってみましょう。まず、date コマンドを使って、今日の日付を確認してみます。キーボードからすべて小文字で d a t e とタイプして Enter キーを押します。

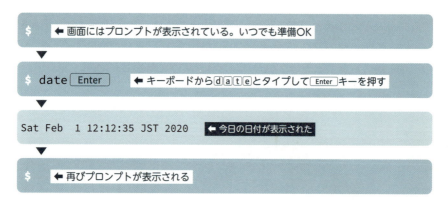

コマンドの実行が終了するとプロンプトが表示されて、再びコマンドを入力できるようになります。

はじめてのコマンド操作なので、ここでは画面の動きをくわしく見てみました。以降は、コマンドと実行結果しか表示しませんが、大丈夫ですね。

今度は cal コマンドを使って、今月のカレンダーを表示してみます。キーボードから [c][a][l] とタイプして [Enter] キーを押します。

```
$ cal [Enter]     ← キーボードから[c][a][l]とタイプして[Enter]キーを押す
▼
     February 2020
Su Mo Tu We Th Fr Sa
                   1
 2  3  4  5  6  7  8
 9 10 11 12 13 14 15
16 17 18 19 20 21 22
23 24 25 26 27 28 29    ← 今月のカレンダーが表示された
```

💡 マメ知識

コマンド名は小文字

先ほど使った date コマンドも cal コマンドも、すべて小文字で入力しました。偶然ではありません。Linux の一般的なコマンド名は大文字をいっさい使わないという暗黙のルールがあるのです。

⚠️ 注意

大文字と小文字は違う

Linux はキーボードから入力するアルファベットの大文字、小文字を区別します。たとえば「A」と「a」なら別物として扱います。

⚠️ 注意

英語表記か日本語表記か

Linux では、コマンドの実行結果として表示されるものが違うことがあります。使用する「言語環境」（これをロケールといいます。第 6 章の『35-4』参照）、あるいは、ログイン方法（GUI ログインまたは CUI ログイン）によって、（標準的なインストールを行った場合）英語表記、日本語表記のどちらかで通常表示されるわけです。この言語環境を切り替えることも可能ですが、本書では、（サーバ運営の際に一般に利用されることも多い）英語表示の例を紹介しています。

09-2 失敗してもあわてない

　スペルミスをすると、エラーメッセージが表示されます。もう一度、正しいコマンド名を入力してください。

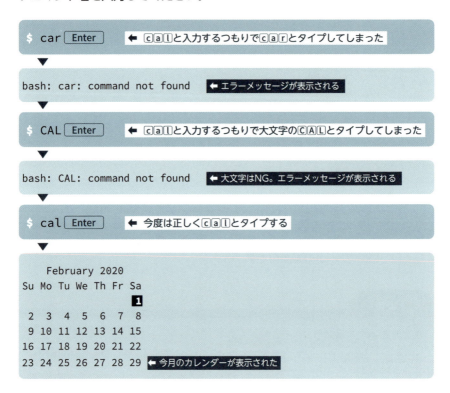

> **⚠ 注意**
>
> **エラーメッセージは英語のときもある**
> エラーメッセージの表示が英語のときもあります。英語で表示されると、はじめのうちはとまどうものですが、Linuxでの操作をマスターするためには慣れておく必要があります。基本的に、やさしい英語です。

09-3 引数を使えば細かい指定ができる

calコマンドで、2020年のカレンダーを全部表示しましょう。

このとき指定した、2020を**引数**（ひきすう）といいます。

指定できる引数の数は1つとは限りません。たとえば、2020年4月のカレンダーを表示するときはcalの次に4、2020と引数を2つ続けて指定します。このとき、各引数のあいだは半角スペースを使って区切ります。

$ cal [space] 4 [space] 2020 [Enter]　← コマンドや引数のあいだはスペースで区切る

```
      April 2020
Su Mo Tu We Th Fr Sa
          1  2  3  4
 5  6  7  8  9 10 11
12 13 14 15 16 17 18
19 20 21 22 23 24 25
26 27 28 29 30
```
← 引数で指定した2020年4月のカレンダーが表示された

09-4 アレンジしたいならオプションをつける

たとえば、calコマンドでカレンダーの表示を日曜ではなく、月曜からはじまるようにするには、オプションの-mを指定します。

指定しなくてもふつうに動きますが、指定すればちょっと気の利いた仕事をしてくれるのが**オプション**です。「つけてもつけなくてもよい」ということからこの名前がつけられました。

オプションは-（ハイフン）と英数字（1文字のことが多い）であらわします。スペースで区切らず、たとえば-mとタイプします。

09-5 オプションと引数を両方使う

オプションと引数を同時に指定するときは、オプション、引数の順に指定します。たとえば、2020年6月、その前の月（5月）、その後の月（7月）の3か月分のカレンダーを表示するには、次のように指定します。

複数のオプションを使うときは、ハイフンの次にオプションを続けて書きます。たとえば、-m3 といった具合です。これはオプションの「m」と「3」の2つを使うという意味です。

```
$ cal -m3 6 2020 Enter
```
↑「m」と「3」のあいだには何も入れない！！

```
     May 2020             June 2020            July 2020
Mo Tu We Th Fr Sa Su  Mo Tu We Th Fr Sa Su  Mo Tu We Th Fr Sa Su
             1  2  3   1  2  3  4  5  6  7         1  2  3  4  5
 4  5  6  7  8  9 10   8  9 10 11 12 13 14   6  7  8  9 10 11 12
11 12 13 14 15 16 17  15 16 17 18 19 20 21  13 14 15 16 17 18 19
18 19 20 21 22 23 24  22 23 24 25 26 27 28  20 21 22 23 24 25 26
25 26 27 28 29 30 31  29 30                 27 28 29 30 31
```

> 💡 **マメ知識**
>
> **コマンドのオプションは使う前に必ず確認する**
>
> オプションをつけてコマンドを実行すると、当然、実行結果は変化します。このとき、大文字・小文字の違いで、動作が逆転したり、実行結果が異なったりするオプションもあります。あるいは、同じオプションを、別のコマンドでも利用できる場合もあります。このように、オプションの指定は複雑で、きちんと確認してから実行しないと、期待したような結果は得られません。オプションについては、次で紹介する「man コマンド」で調べることもできます。

09-6 困ったら man コマンドを使う

　man コマンドを使えば、画面上で簡単なコマンドの説明を見ることができます。man とは manual（マニュアル）のことです。

```
$ man cal Enter        ← 知りたいコマンドは引数で指定する。ここではcal
▼

CAL(1)                       User Commands                       CAL(1)


NAME
       cal — display a calendar

SYNOPSIS
       cal [options] [[[day] month] year]

DESCRIPTION
       cal  displays  a  simple  calendar.  If no arguments are
specified, the current month is displayed.

OPTIONS
       -1, --one
              Display single month output.  (This is the default.)

       -3, --three
              Display prev/current/next month output.

       -s, --sunday
              Display Sunday as the first day of the week.

       -m, --monday
~略~
```

画面は space キーを押すと次に進み、b キーで１画面戻ります。終了するには q キーを押します。

と、紹介しましたが、実は **man** コマンドの内容は、初心者にはちょっと敷居が高いものです。コマンドのオプションなどをもっとくわしく知りたいなら、インターネットで「Linux コマンド名」として検索するか、主要なコマンドを簡潔にまとめてある書籍を購入するほうが便利です。いまは **man** コマンドというものがあるということだけ覚えておいてください。上達すれば必要になるときが、自然とやってくるものなのです。

> 💡 **マメ知識**
>
> **パラメーターの使い方を簡易的に表示する**
>
> **--help** を使うと、オプションの使い方を調べることができます。
>
> ```
> $ cal --help
> ```
>
> ▼
>
> ```
> Usage:
>  cal [options] [[[day] month] year]
>
> Options:
>  -1, --one          show only current month (default)
>  -3, --three        show previous, current and next month
> ```

09-7 ゴールはログアウト

作業を終えたら、**ログアウト**します。ログアウトはログインの反対で、Linux の作業を終了することです。作業が終わってもログアウトしないでおくと、誰かがこっそり作業をしてしまうかもしれません。ログインしたまま放置しないようにしましょう。

ログアウトするには、`exit` コマンドを実行します。

Point ログアウトの方法

ログアウトします。
↓
`$ exit` [Enter]

> ⚠️ **注意**
>
> **ログアウトと終了は違う**
>
> ログアウトしても Linux が終了するわけではありません。Linux を終了するにはシステムの電源を切ります（第 5 章の『29』参照）。

第2章 練習問題

問題 1

Linux で日付を表示するコマンドは何ですか？

ⓐ days
ⓑ date
ⓒ time
ⓓ at

問題 2

Linux でコマンドの動作を指定するとき、コマンドの後ろにつける情報を何といいますか？

ⓐ オプション
ⓑ ライン
ⓒ データ
ⓓ オルタナティブ

問題 3

Linux で 2020 年 4 〜 6 月までのカレンダーを表示させるには、どのようなコマンドを使いますか？

ⓐ cal −532020
ⓑ cal −5 3 20
ⓒ cal −5 3 2020
ⓓ cal −3 5 2020
ⓔ cal 4−6 2020

解答

問題 1 解答

正解はⓑの date コマンド。

日付だけでなく現在の時間も返します。これらの情報についてはシステム時計を参照して画面に表示されますが、このコマンドで日時を設定することもできます。類似のものとして、cal コマンドを使えば、カレンダーを見ることもできます。

問題 2 解答

正解はⓐのオプション。

オプションをつけることで、コマンドの動作を細かく指定できます。また読み出すファイル名や設定する数値といったオプションの後ろに指定する補足情報のことを引数といいます。UNIX 系 OS では慣例的に --help オプションをつけるとそのコマンドの使い方が表示されることが多いです。

問題 3 解答

正解はⓓの cal -3 5 2020。

cal コマンドでカレンダーを表示できますが、オプションで開始の曜日を指定したり、表示する月の数を指定できます。ここでは 2020 年 5 月から前後の月を表示し、合計 3 か月表示させるということで、2020 年 5 月を指定し、3 か月表示するオプションである -3 をつけています。

ファイルとディレクトリ操作のきほん

- 10 Linuxではフォルダのことをディレクトリと呼ぶ
- 11 ディレクトリからディレクトリへ移動する
- 12 ファイルを表示する
- 13 ファイルのしくみをマスターする
- 14 ファイルのなかみを見る
- 15 ファイルやディレクトリをコピーする
- 16 ファイルを移動する
- 17 ディレクトリを作成する・削除する

10 Linuxではフォルダのことを ディレクトリと呼ぶ

第3章 ファイルとディレクトリ操作のきほん

ここでは、Linuxのディレクトリのしくみと操作のしかたをマスターしていきましょう。

10-1 LinuxのディレクトリはWindowsのフォルダに同じ

WindowsやMacなどのパソコンでは、散らばったファイルを1箇所にまとめて入れておくとき、フォルダを使います。スマートフォンにもありますね。整理整頓には欠かせません。

Windowsでは、フォルダやファイルがアイコンのかたちで整然と並んでいる

もちろんフォルダはLinuxにもあります。ただし、違ったいい方をします。フォルダではなく、**ディレクトリ**といいます。

10-2 膨大なファイルを機能別にディレクトリに収納

Linux本体はプログラムファイルや設定ファイルなど、たくさんのファイルで構成され、機能別にディレクトリに収められています。その構成とディレクトリ名はディストリビューションによって多少違いますが、たいがい次のようになっています。

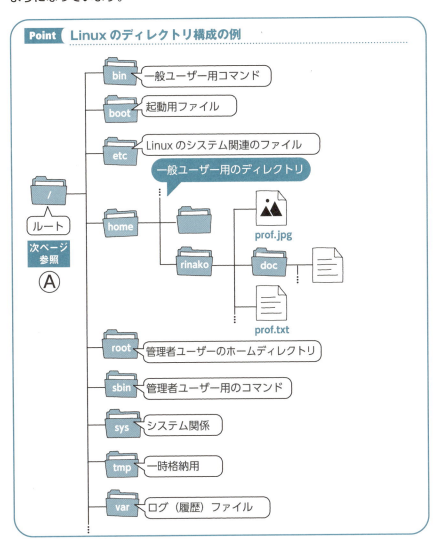

Point　Linuxのディレクトリ構成の例

10-3 すべてのはじまりはルートディレクトリ

前ページの図を見てください。すべてのファイルやディレクトリは1つのディレクトリに入っています（Ⓐ）。このディレクトリのことを**ルートディレクトリ**といいます。

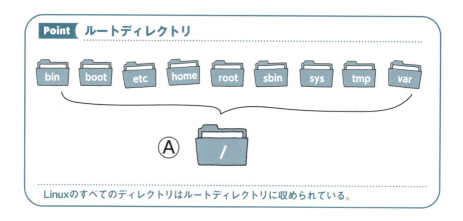

Linuxのすべてのディレクトリはルートディレクトリに収められている。

10-4 絶対パスでルートディレクトリを指定する

ルートディレクトリ（Ⓐ）からファイル名をたどっていくと、Ⓑのファイルの位置が決まりそうです。ⒶからⒷまでの道のりは、

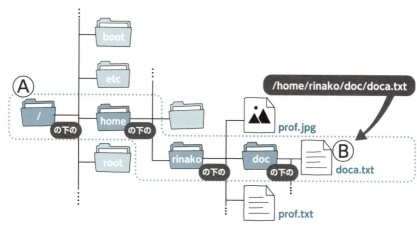

/ の下の home の下の rinako の下の doc の下の doca.txt

と書けます。Linuxでは「の下の」の代わりに記号 **/**（スラッシュ）を使って書きます。

Point 絶対パス

/home/rinako/doc/doca.txt

最初は/（スラッシュ）　　スラッシュで区切る

ディレクトリやファイルのあいだを/（スラッシュ）で区切って並べて書きます。

　このようにルートディレクトリを起点としてファイルやディレクトリの場所をあらわす方法を**絶対パス**といいます。これに対して**相対パス**というのもあります（『11-2』参照）。

10-5 サブディレクトリと親ディレクトリ

　今度はⓒを見てみましょう。このときⓒから見て home のような1階層上のディレクトリを**親ディレクトリ**、doc のように下にあるディレクトリを**サブディレクトリ**といいます。

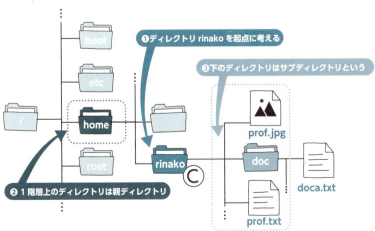

11 ディレクトリからディレクトリへ移動する

第3章 ファイルとディレクトリ操作のきほん

cd コマンドを使ってディレクトリ間を移動してみましょう。どこにいるかを確認するには、pwd コマンドを使います。

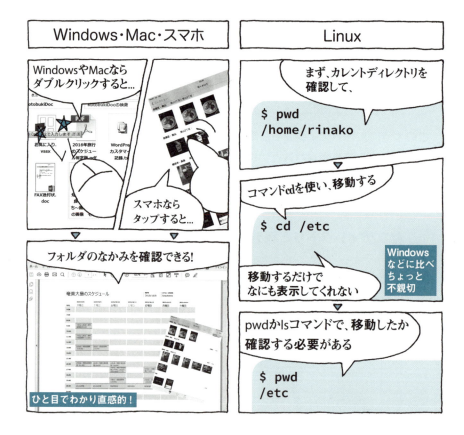

11-1 ディレクトリを移動し、確認する

　Linux のディレクトリと Windows のフォルダは使い道は同じですが、操作方法がかなり違います。

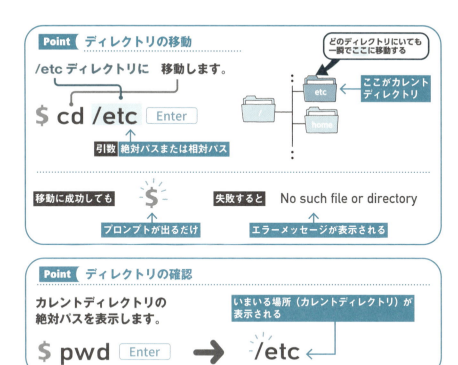

cd コマンドはディレクトリへ移動するコマンドです。移動先を絶対パス、または相対パス（『11-2』参照）で表記し、これが引数になります。

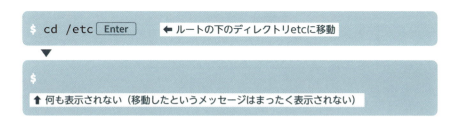

どこに移動したかを確認するには **pwd** コマンドを使います。現在いるディレクトリのことを、特別に**カレントディレクトリ**と呼びます。カレントディレクトリはワーキングディレクトリと呼ばれることもあります。

　ログインすると、最初のカレントディレクトリは自動的に「/home/ユーザー名」となります。確認してみましょう。必要に応じてexitコマンドでログアウトしてから、ログインし直してください。

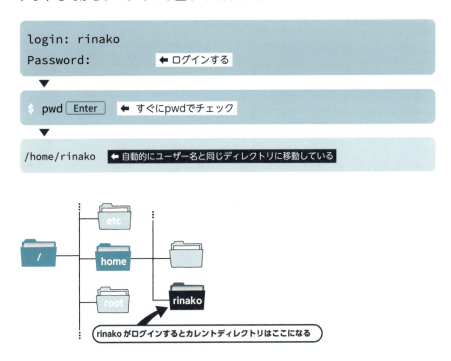

　この「/home/ユーザー名」を**ホームディレクトリ**といいます。
　ホームディレクトリは、ユーザーが落ち着いて作業できる自分だけの部屋です。ホームディレクトリなら、自由にファイルを保存できますし、ほかのユーザーにファイルのアクセス権（第5章の『26』参照）がない限り、のぞかれる心配はありません。

11-2 相対パスを使って移動する

ルートディレクトリを起点として、ファイルやディレクトリの場所をあらわすのが絶対パスでした（『10-4』参照）。

これとは対照的に、**カレントディレクトリを起点**としてファイルやディレクトリの場所をあらわす方法を**相対パス**といいます。

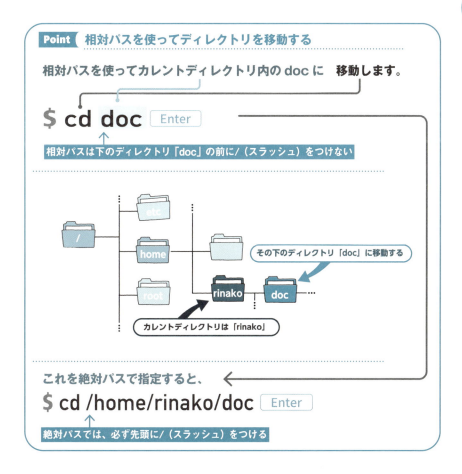

それでは、実際に相対パスを使って cd コマンドを試してみましょう。それには、まず、カレントディレクトリを確認します。

作業を始める前に、ディレクトリを強制的に rinako のホームディレクトリにしておきましょう。

　これで、カレントディレクトリがどこであっても、/home/rinako にカレントディレクトリが移動します。

　このとき、相対パスと絶対パスを使って、カレントディレクトリの下にあるディレクトリ「doc」に移動してみましょう。

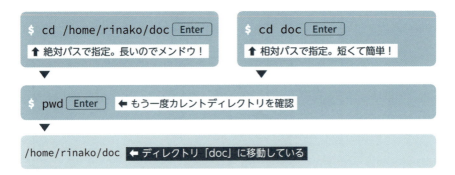

　もちろんどちらでも移動できますが、絶対パスよりも相対パスのほうが短く書けます。ただし、相対パスでの指定は、必ずカレントディレクトリの位置を確認してから使うようにしてください。
　まちがったディレクトリを指定すると、エラーメッセージが表示されます。

```
-bash: cd: dic: No such file or directory
```
↑ エラーメッセージが表示された

11-3 便利な省略記号を使う

　下の図を利用して、相対パスと絶対パスを使った **cd** コマンドの練習をしてみましょう。ここでは、カレントディレクトリの位置をⒸとしています。

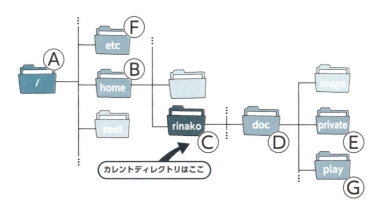

ⒸからⒺに移動する

　相対パスを使ってⒸからⒺに移動します。「doc」の前にスラッシュは必要ありません。

```
$ cd doc/private Enter
```

　これを、絶対パスを使って移動してみます。絶対パスを使うときは、必ず、先頭にスラッシュ（/）をつけます。

```
$ cd /home/rinako/doc/private Enter
```

どちらにしても、カレントディレクトリはⒺになりました。

> ⒺからⒸ（ホームディレクトリ）に戻る

これには4つの方法があります。1つめは絶対パスを指定する方法です。

```
$ cd /home/rinako Enter   ← ⒺからⒸに移動する
```

2つめは、..（ドット2つ）を使う方法です。..（ドット2つ）は親ディレクトリの省略記号です。2度同じ作業を繰り返して、Ⓒに戻ります。

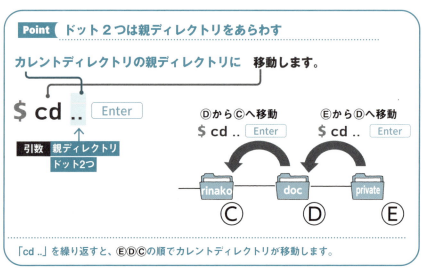

```
$ cd .. Enter   ← まず、ⒺからⒹに移動する。カレントディレクトリはⒹになった
```
▼
```
$ cd .. Enter   ← 続いて、ⒹからⒸに移動する。結果、ⒺからⒸに移動した
```

上の2段階作業は..（ドット2つ）と/（スラッシュ）を組み合わせて指定すれば、次のように1回の操作ですますことができます。

```
$ cd ../.. Enter    ← ⒠から⒞に移動する
```

3つめは ~（チルダ）を使う方法です。

```
$ cd ~ Enter    ← ⒠から⒞に移動する
```

チルダはホームディレクトリの省略記号です。たとえば、ユーザー rinako（ユーザー名 rinako）のホームディレクトリは、/home/rinako ですが、これは ~ の1文字に置き換えられます。前ページで⒠から⒞に移動したときに使った絶対パスの移動は、チルダを使えば次のように書き換えられます。

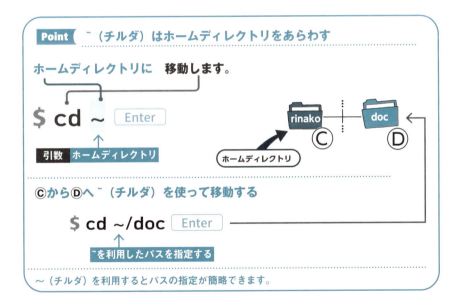

次の2つのコマンドは同じ操作をしていることになります。

```
$ cd /home/rinako/doc/private Enter
```

```
$ cd ~/doc/private Enter
```

4つめは、**cd** コマンドに引数を指定しないで実行する方法です。このとき、自動的にホームディレクトリに移動します。

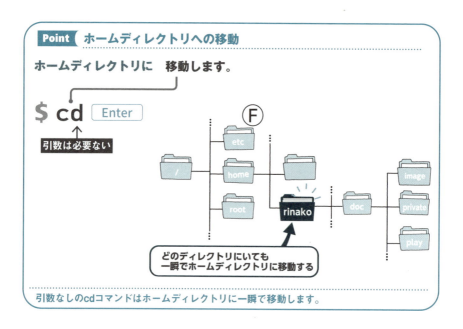

cd コマンドに対して引数なしのこのワザは、カレントディレクトリがどこにあっても通用します。たとえば、カレントディレクトリが Ⓕ のとき、ホームディレクトリに戻るには、次のどちらを使ってもかまいません。

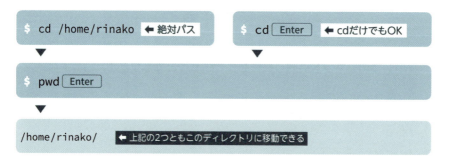

> ⒠から⒢に移動する

　省略記号をいろいろ見たところで、カレントディレクトリを⒠から⒢に移動する方法をいくつか紹介しましょう。

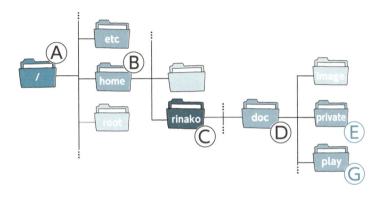

　オーソドックスな方法は、親ディレクトリをあらわす、..（ドット 2 つ）を使う方法です。なお、以下のコマンドを試す際は、「cd doc/private」であらかじめ⒠に移動しておきましょう。

```
$ cd ../play Enter
```

ホームディレクトリに戻ってから移動する 2 段階方式もよく利用されます。

```
$ cd Enter
```
▼
```
$ cd doc/play Enter
```

もちろん、絶対パスで、⒜⒝⒞⒟⒢をたどっていくこともできます。

```
$ cd /home/rinako/doc/play Enter
```

12 ファイルを表示する

第3章 ファイルとディレクトリ操作のきほん

ディレクトリのなかみを見るには、ls コマンドを使います。シンプルな使い方からはじめて、複雑な指定ができるまでじっくりマスターしていきましょう。

12-1 カレントディレクトリ内のファイルを確認する

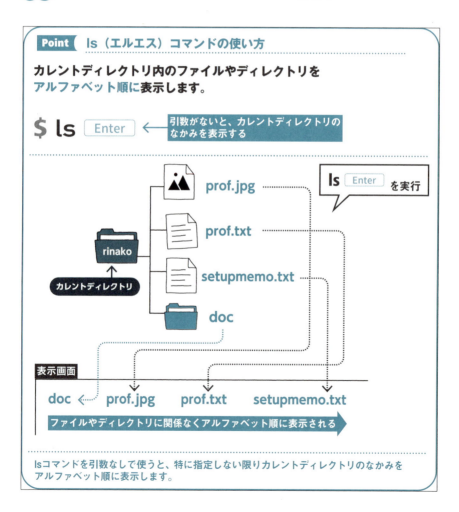

ディレクトリのなかみを表示するには ls コマンドを使います。特に指定しない限り、引数なしだとカレントディレクトリのなかみをアルファベット順に表示します。

なお、本節ではカレントディレクトリを「/home/rinako」としています。

ファイル名をアルファベットの逆順に表示するには、オプションの -r を利用します。

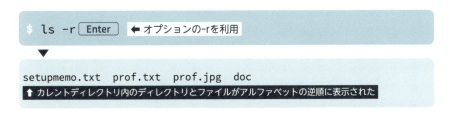

このとき、ファイル名やディレクトリ名はまとめて表示されます。Windows や macOS のようにアイコンが表示されるわけではありません。

下の例で表示されるのはすべてディレクトリですが、このままではファイルなのかフォルダなのかわからないので混乱してしまいます。

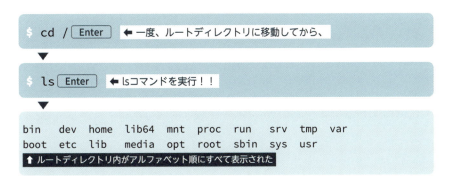

12-2 ファイルの種類をわかりやすくする

`ls` コマンドでオプションの `-F` を使うと、ファイルやディレクトリがひと目でわかって便利です（実行ファイルについては第 5 章の『26-3』参照。リンクファイルについては第 7 章の『43』参照）。

もう一度、`ls` コマンドのオプションの `-F` を使って、ルートディレクトリを見てみます。

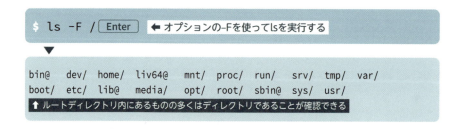

12-3 カレントディレクトリ内をくわしく見る

　lsコマンドにオプションの -l（エル）を指定すると、ファイルやディレクトリのサイズ、更新日時といったくわしい情報を確認できます。1行あたり1ファイルごと、または1ディレクトリごとに情報が表示されます。

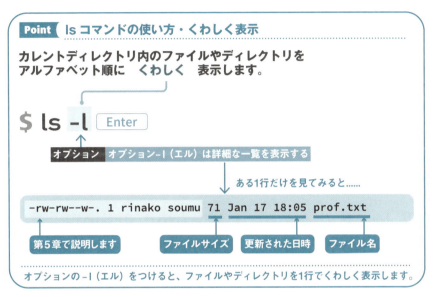

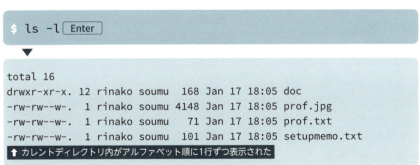

12-4 指定したディレクトリのなかみを確認する

lsコマンドの引数にディレクトリを指定すると、特定のディレクトリの内容を表示します。ディレクトリだけではなく、ファイルでも同じように使えます。

引数にディレクトリ名を指定した場合、そのディレクトリ内のファイルの一覧を表示します。

```
$ ls doc/image Enter
```
▼

```
okinawa_day1.jpg  okinawa_day2.jpg  okinawa_day3.jpg
```
↑ ファイルの一覧が表示される

　その際にオプションの -d を使用すると、ディレクトリのなかみを表示せず、そのディレクトリ自体の情報を表示します。

```
$ ls -d doc Enter   ← オプションの-dをつけて実行
▼
doc
```

　名前のわかっているディレクトリだけを表示しても意味がないように思われるかもしれませんが、-l（エル）オプションを併用すると、「あるディレクトリの情報をくわしく知る」といった使い方ができます。

```
$ ls -dl doc Enter
▼
drwxr-xr-x. 12 rinako soumu 168 Jan 17 18:05 doc
```

💡 マメ知識

ファイルの種類

Linux の ls コマンドで表示されるファイル（やディレクトリ）にはいくつかの種類があります。
オプションの -l を使った際、左端に「d」がつくのがディレクトリ、「l（エル）」がつくのがシンボリックリンク（第7章の『43』参照）です。
ファイルには大きく分けてデータファイルと実行ファイルがあります。実行ファイルとはプログラムやスクリプトのように、何かの作業を行うものです。ls コマンドでオプションの -F を使うと、末尾に *（アスタリスク）がつくので判別できます。
このほか、画像ファイルや圧縮ファイルなどは色を変えて表示されますが、これは設定ファイルによって表示色を変えているだけで、本質的にはデータファイルと変わりありません。設定ファイルを自分で編集することで、色を好きなように変えることができます。

12-5 更新時刻順に表示する

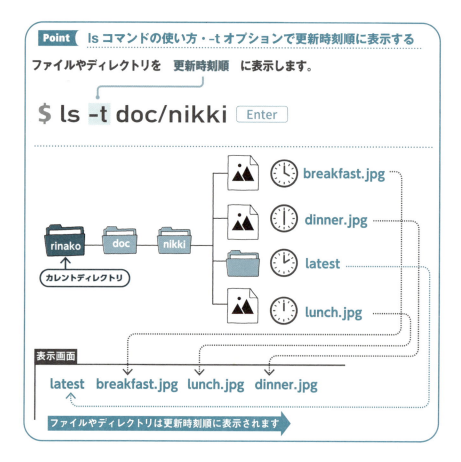

　Linuxでは更新時刻だけでなく、作成時刻やアクセス時刻を区別して扱います（第7章の『39-4』参照）。

```
$ ls -t doc/nikki [Enter]
```
↑ オプションの-tをつけて実行
▼
```
latest   breakfast.jpg   lunch.jpg   dinner.jpg
```
↑ 更新時刻順に並んでいる（ディレクトリは先頭にくる）

　lsコマンドの-lオプションは、ファイルの更新時刻がわかって便利なのですが、古いファイルの場合、更新時刻ではなく西暦年が表示されてしまいます。これは「半年を境にそれ以前のファイルは西暦年を表示する」という仕様になっているためです。

　これでは困ることもありますね。そういうときには、--time-styleオプションを使って、

```
$ ls -l --time-style=+%c [Enter]
```

とすれば時刻が表示されます。

12-6 サブディレクトリを表示する

　オプションの-Rを指定すると、指定したディレクトリ内のファイルやサブディレクトリをすべて表示します。

```
$ ls -R doc/tmp [Enter]
```
▼
```
doc/tmp:
0617.rb
0617.rb~
0620.rb
agosto
ar
banner.png
database
〜略〜
```
↑ 一瞬で終わるが、実はディレクトリ内のたくさんのファイルを表示していた

> **マメ知識**
>
> **再帰的**
>
> ls コマンドに -R オプションをつけると、「指定したディレクトリの下のすべてのファイルやディレクトリ」を表示できます。Linux では、これを「再帰的 (recursive) に表示する」といいます。この処理は、表示に限りません。コピーや移動、削除などの処理も「再帰的」に操作できます。

12-7 隠しファイルを表示する

Linux では .ssh や .bashrc のように .(ドット)からはじまるファイルやディレクトリを**隠しファイル**として扱います。これらは通常の ls コマンドでは見ることができません。隠しファイルは設定ファイル、あるいは設定ファイルを集めたディレクトリです。このほかにもカレントディレクトリをあらわす . (ドット)、親ディレクトリをあらわす .. (ドット2つ)があります。これらの隠しファイルはまとめて**ドットファイル**と呼ばれています。

```
$ ls Enter
↑ カレントディレクトリ内を表示
▼
doc   prof.jpg   prof.txt   setupmemo.txt
↑ ディレクトリ内にファイルは4つ
```

オプションの -a を指定すると、ドットファイルを含むすべてのファイルを表示します。

```
$ ls -a Enter
```
↑ オプションの-aをつけて表示
▼

```
.
..
.bash_history
.bash_logout
.bash_profile
.bashrc
doc
prof.jpg
prof.txt
setupmemo.txt
```
↑ ドットファイルが登場した

12-8 オプションは重ねて使える

複数のオプションを利用するときは別々に書いてもよいですし、ハイフン内にまとめてしまうという手もあります。

```
$ ls -l -F Enter
```
↑ オプションを別々に指定する
▼

```
$ ls -lF Enter
```
↑ まとめて指定する。順番は関係ない
▼

```
total 16
drwxr-xr-x. 12 rinako soumu  168 Jan 17 18:05 doc/
-rw-rw--w-.  1 rinako soumu 4148 Jan 17 18:05 prof.jpg
-rw-rw--w-.  1 rinako soumu   71 Jan 17 18:05 prof.txt
-rw-rw--w-.  1 rinako soumu  101 Jan 17 18:05 setupmemo.txt
```
↑ 結果は同じ

13 ファイルのしくみをマスターする

第3章 ファイルとディレクトリ操作のきほん

いままで、ファイルの操作のしかたを中心に説明してきました。ここでは、ファイルのしくみについて改めて解説します。

13-1 テキストファイルは人間用。バイナリファイルはLinux用

Linuxでは、ファイルは大きく分けて2つに分けられます。テキストファイルとバイナリファイルです。

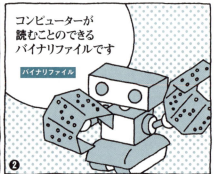

テキストファイルは cat コマンドや less コマンド（次節の『14』参照）などを使って、われわれが直接なかみを見て確認できるファイルです。さらに、テキストファイルは vi や VIM などのエディターを使って新規作成・編集することができます（第4章の『20』参照）。

テキストファイルとは違い、コンピューター（Linux）が理解できるファイルが**バイナリファイル**です。いままで使った ls コマンドなどは、バイナリファイルとして Linux のディレクトリのなかに格納されています。

次に、ユーザーの目線から Linux のファイルを分類すると、今度は、次の3つに分けられます。

ファイルの種類	説明
通常ファイル	コマンドや設定ファイルなどのデータのこと。このなかにはテキストファイルもバイナリファイルも含まれる。
ディレクトリ	通常ファイルや特殊ファイルを管理するためのフォルダ。
特殊ファイル（デバイスファイル）	ハードディスクやキーボード、プリンタなどの入出力装置や外部記憶装置などの周辺機器をファイルとして扱えるようにしたもの。これにより、Linuxは通常ファイルを扱うのと同じ方法で、周辺機器にアクセスできる。

13-2 Linuxのスタンダードはテキストファイル

Linuxが得意とするapacheなどのサーバー関連のコマンドは、その詳細な設定をテキストファイルで記述してあります。設定ファイル、すなわちテキストファイルをきちんとつくることが、Linuxとわれわれをつなぐ架け橋になるのです。

Point Linuxのコマンドの多くは、テキストファイルで設定する

Linuxの設定のきほんはテキストファイルだ

13-3 ファイル名のきほん

ファイルには、簡単に識別できるようにファイル名をつけます。ファイル名には、次のようなルールがあります。

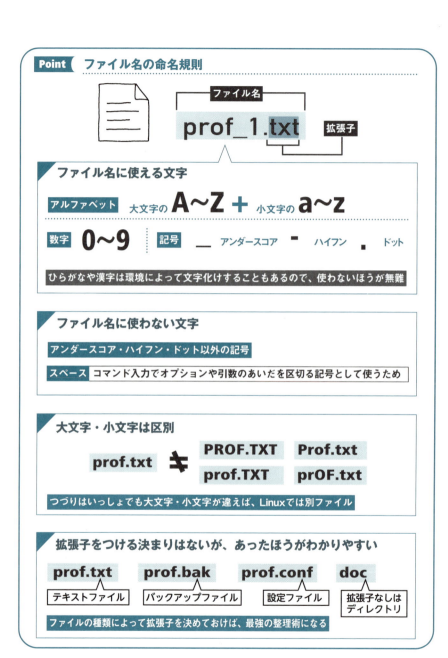

たとえば、「日記.txt」といった、日本語のファイル名でも問題のないディストリビューションもあるのですが、それでもユーザーの環境や設定によっては正しく表示できないことがあります。そのため、最初からファイル名には日本語を使わないほうが無難です。

また、Linuxではファイル名に**拡張子**をつけることは必須ではありません。それでも、つけておくことをおすすめします。時間がたってから見直すと、何のファイルだったかなんてすっかり忘れてしまうものです。忘れていても、拡張子だけ見れば、`cat`コマンドや`less`コマンド（次節の『14』参照）を使わずになかみを推測できます。

13-4 ファイル名の鉄則

ファイル名には大事な鉄則があります。それは、

> ディレクトリ内のファイルのファイル名はユニーク（ただ1つだけ）

ということです。もちろん大文字・小文字は区別されるので、ファイル「prof.txt」と「PROF.txt」が同じディレクトリ上にあることはありますが、「prof.txt」が同じディレクトリ内に2つ存在することはありません。

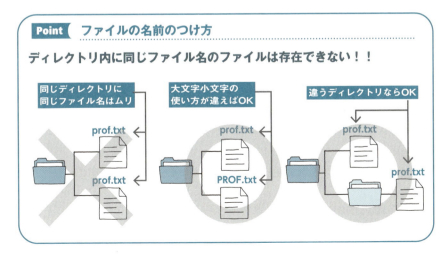

Point　ファイルの名前のつけ方
ディレクトリ内に同じファイル名のファイルは存在できない！！

14

第3章 ファイルとディレクトリ操作のきほん

ファイルのなかみを見る

ファイルのなかみを見るとは、要するにユーザーがテキストを読むということです。そのために必要なコマンドが cat と less です。

14-1 cat コマンドを使ってファイルのなかみを表示する

ファイルのなかみを見てみましょう。短いテキストを扱うなら cat コマンドを使います。なお、ここでのカレントディレクトリは、これまでと同様に「/home/rinako」としています。

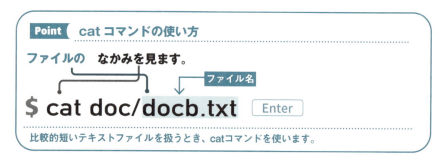

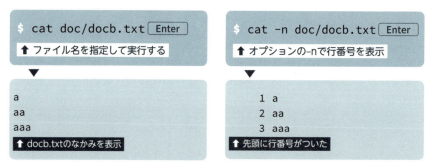

14-2 less コマンドを使ってファイルのなかみを表示する

長いテキストは less コマンドを使うとよいでしょう。

lessコマンドでは、ディスプレイに収まる範囲に分割されて表示されます。このとき、キーボードの使い方もマスターしておきましょう。

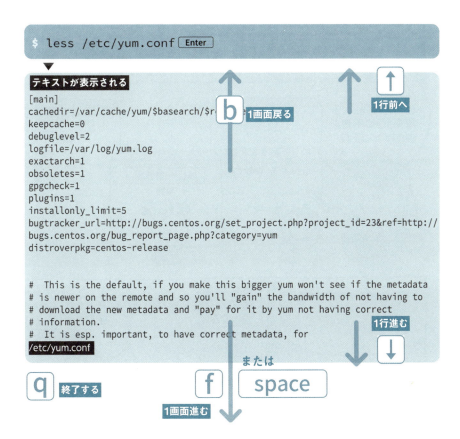

15

第3章 ファイルとディレクトリ操作のきほん

ファイルやディレクトリを
コピーする

cp コマンドでファイルをコピーします。ファイル操作では最も使用するコマンドです。

15-1 カレントディレクトリ内でコピーする

特に断り書きがない限り、この『15』ではカレントディレクトリを /home/rinako/doc/test としてすべての作業を行っています。ファイルをコピーしたり削除したりすると初期状態とは変わってしまうため、いつでも元の状態に戻せるようにしているためです。cd コマンドを使って、あらかじめ移動しておきましょう。

```
$ cd /home/rinako/doc/test  Enter
```

初期状態への戻し方については、『15-8』を参照してください。

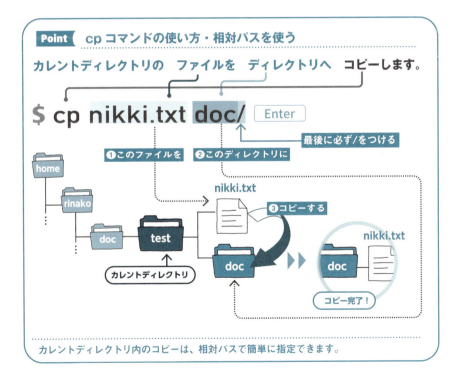

カレントディレクトリ内で **cp** コマンドを実行してみましょう。

```
$ cp nikki.txt doc/ Enter
```
↑ ファイル「nikki.txt」もディレクトリ「doc」も相対パスなので、/をつける必要はない
だが、後ろの/は必須

▼

```
$
```
↑ 実行したが、何も表示されず、次の行にはプロンプトが表示されるだけ

　何も表示されずに次のプロンプトがあらわれたら、これがコピー成功の合図です。WindowsやmacOSのように、「コピー中」とか「〜をコピーしました」のようなメッセージは表示されません。オプションの -v を使えば、コピーの実行結果を表示してくれます（『15-5』参照）。
　まちがって存在しないファイル名を指定すると、エラーメッセージが表示されます。

```
$ cp nikka.txt doc/ Enter     ← まちがってnikka.txtとタイプした
```
▼
```
cp: cannot stat `nikka.txt': No such file or directory
```
↑ エラーメッセージが表示された

92

15-2 絶対パスを使ってコピーする

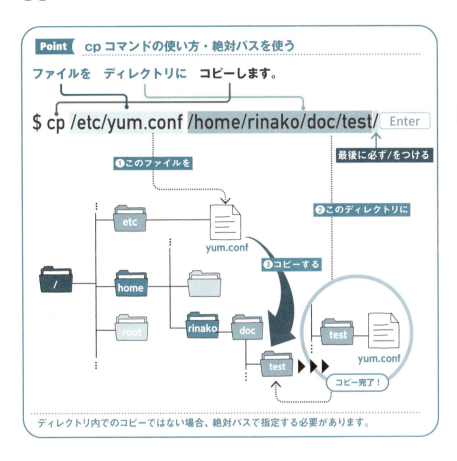

次に絶対パスを使ってコピーします。引数を2つ使うこととコピーが成功してもメッセージが出ないことは、相対パスのときと変わりありません。

```
$ cp /etc/yum.conf /home/rinako/doc/test/ Enter
```
↑ ディレクトリetcのなかのファイルyum.confを/home/rinako/doc/test/にコピーする

▼

```
$
```
↑ 実行したが、何も表示されず、次の行にはプロンプトが表示されるだけ

コピー先の一部「/home/rinako」をホームディレクトリの省略記号である ~（チルダ）を使って書くと、少しだけ省略できます。

```
$ cp /etc/yum.conf ~/doc/test/ Enter
```
↑ チルダでホームディレクトリを省略

　新しい省略記号を1つ紹介します。親ディレクトリは . .（ドット2つ）で書けることはすでに述べました（『11-3』参照）。同様に、カレントディレクトリのパス名を全部書く代わりに、.（ドット1つ）で代用できます。これを利用してコピーしてみましょう。ここでは、ホームディレクトリに移動してから、コピーを実行します。

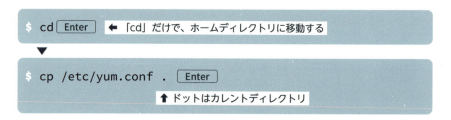

　このように相対パスと絶対パス、それに **cd** コマンドや省略記号を使えば、

パスの書き方は縦横無尽。何通りでも作成可能

になります。イチバン簡潔でわかりやすい書き方をしましょう。

15-3 コピー元のファイル名をコピー先で変える

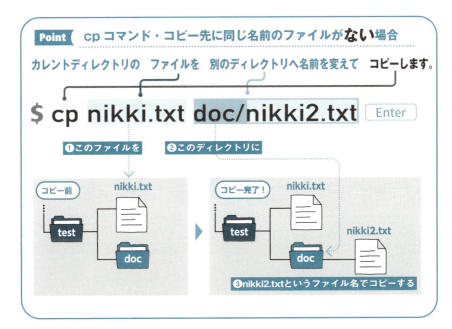

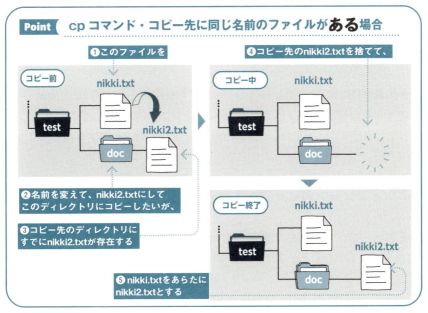

前の2つの Point も、カレントディレクトリは /home/rinako/doc/test です。

コピーするとき、ファイル名を変えてコピーしたい場合があります。この場合は、コピー先のディレクトリに変更後のファイル名を加えて cp コマンドを実行します。

さて、コピーしても何の返事もない無口な cp コマンドですが、逆にその素行はワイルドです。ファイルをディレクトリにコピーするとき、

> 同じ名前のファイルが存在しても、無視して上書き

します。上書きしたファイルは元には戻せません。

予防策としては、必ずコピー先のディレクトリ内を ls コマンドで表示して、ファイル名を確認してからコピーするようにしてください。それでも、うっかりミスは必ず起こるもの。完璧な対応策には次の方法をおすすめします。

15-4 オプションの -i を使って上書き防止

まちがってファイルを上書きしないためのおまじないです。オプションの -i（アイ）をつけて cp コマンドを実行します。

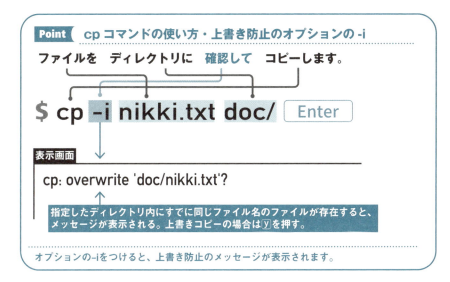

オプションの -i を使うだけで、上書きの悲劇を防げます。cp コマンドや移動に使う mv コマンド（次節の『16』参照）を使うときは必ずこのオプションの -i をつける習慣をつけましょう。

コピー先に同じファイル名のファイルが存在しなければ、いつものようにぶっきらぼうにプロンプトを返すだけです。

```
$ cp -i nikki.txt doc/nikki3.txt  Enter
```
▼
```
$
```
↑ コピー先にnikki3.txtがない場合はメッセージは出ない。プロンプトが表示される

15-5 オプションの -v で結果報告

コピーに成功しようが何も応えてくれない cp コマンドですが、オプションの -v を使えば、コピーの実行結果を表示してくれます。

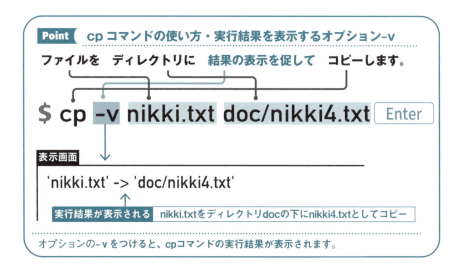

オプションの -i と併用すれば、さらに安全です。

```
$ cp -vi nikki.txt doc/nikki4.txt Enter
```

alias コマンドを使って、あらかじめ cp コマンドの設定をしておけば、オプションを設定する手間が省けます（第6章の『34』参照）。

15-6 ディレクトリをコピーする

ディレクトリをディレクトリ内のファイルやディレクトリごとすべてコピーする（再帰的にコピーする）ときは、オプションの -r を使います。たとえコピー先に指定したディレクトリがなくても、ディレクトリを自動的に作成してコピーしてくれます。

ここでもカレントディレクトリは /home/rinako/doc/test です。別の場所に移動してしまっている場合は、次のコマンドを実行して移動しておきましょう。

```
$ cd /home/rinako/doc/test [Enter]
```

Point cpコマンドの使い方・ディレクトリをなかみごとコピー

カレントディレクトリの ディレクトリを ディレクトリへ コピーします。

```
$ cp -r doc/ doc2/ [Enter]
```
　　　↑　　↑　　　↑
　オプション　コピー元ディレクトリ名　コピー先ディレクトリ名

コピー前

test — doc — docA
　　　　　 — docC
　　　　　 — docB
　　　　　 — c.txt
　　 — doc2

コピー完了！

test — doc — docA
　　　　　 — docC
　　　　　 — docB
　　　　　 — c.txt
　　 — doc2 — doc — docA
　　　　　　　　　 — docC
　　　　　　　　　 — docB
　　　　　　　　　 — c.txt

コピー先のディレクトリがある場合

コピー前

test — doc — docA
　　　　　 — docC
　　　　　 — docB
　　　　　 — c.txt

コピー先のディレクトリがない場合

コピー先のディレクトリをつくり、その下にコピーされる

コピー先に指定したディレクトリがなくても、自動的に作成しコピーします。

3 ファイルとディレクトリ操作のきほん

15-7 複数のファイルをコピーする

コピー元のファイルが1つとは限りません。コピーしたいだけ並べて書くことができます。ただし、コピー先を最後に1つだけ書くことを忘れないでください。

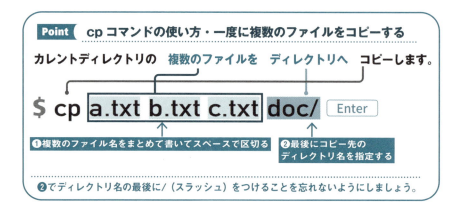

ファイルとディレクトリを混在してコピーすることもできます。ただし、このときオプションの -r をつけてください。もちろん、オプションの -i や -v を併用すれば、上書き防止をしつつ、結果も表示されます。

```
$ cp -ivr nikki.txt nikki/ nikki2.txt doc2/ Enter
    ↑ 複数のオプションを併用する
▼
cp: overwrite 'doc2/nikki.txt'? y
'nikki.txt' -> 'doc2/nikki.txt'
'nikki/' -> 'doc2/nikki/'
cp: overwrite 'doc2/nikki2.txt'? y
'nikki2.txt' -> 'doc2/nikki2.txt'
  ↑ 結果が表示された。ディレクトリであるnikki/もコピーされている
```

15-8 初期状態に戻すには

ここまでの作業でディレクトリやファイルが初期状態からかなり変わってしまいました。そこでカレントディレクトリを /home/rinako/ に戻し、/home/rinako/doc/test の内容を元に戻しておきましょう。

次の作業を行うと、/home/rinako/doc/test のなかみは削除されます。次節の『16』を参考にしながら、大切なファイルは他の場所に移動してから実行してください。

```
$ cd ~ Enter
```
▼
```
$ /home/rinako/doc/project/rstr.sh Enter
```

これで初期状態に戻ります。2行目は、

```
$ ~/doc/project/rstr.sh Enter
```

としても大丈夫なことは、ここまで学習を進めてきた方でしたらおわかりでしょう。

> **!注意**
>
> ここでは「rstr.sh」というファイルを実行しています。この拡張子に「.sh」がつくファイルを「シェルスクリプト」といいますが、シェルスクリプトについておよび rstr.sh に書かれている内容については本書の範囲を超えるため、説明を割愛しております。シェルスクリプトについては、他の書籍などをご覧ください。

16 ファイルを移動する

第3章 ファイルとディレクトリ操作のきほん

mv コマンドでファイルを移動します。ファイル名の変更もこのコマンドで行います。

16-1 mv コマンドの操作方法は cp コマンドとだいたい同じ

前節と同様、特に断り書きがない限り、この『16』でもカレントディレクトリを「/home/rinako/doc/test」としてすべての作業を行っています。あらかじめ移動しておきましょう。

```
$ cd /home/rinako/doc/test Enter
```

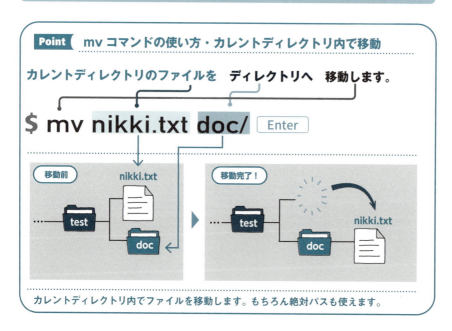

カレントディレクトリ内でファイルを移動します。もちろん絶対パスも使えます。

cp コマンドはコピー、mv コマンドは移動という違いがある以外は、操作に変わりはありません。

```
$ mv nikki.txt doc/ Enter
$ ls -F Enter
```
↑ ファイルの移動後、カレントディレクトリのなかみを確認する

▼

```
a.txt*  b.txt*  c.txt*  doc/  nikki/  nikki2.txt*
```
↑ nikki.txtがなくなった

16-2 ファイル名を変更する

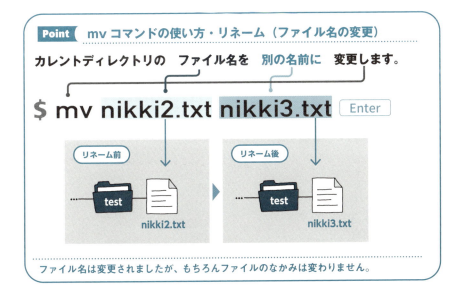

ファイル名は変更されましたが、もちろんファイルのなかみは変わりません。

mv コマンドは、ファイル名を変更するのにも利用します。その際、オプションの -i や -v を併用すれば、上書き防止ができ、コマンドの実行結果も表示されます。

また、ディレクトリ名を変更するのにも、mv コマンドを利用します。

17 ディレクトリを作成する・削除する

第3章 ファイルとディレクトリ操作のきほん

mkdir コマンドでディレクトリを作成します。作成したディレクトリは rmdir コマンドで削除できます。

17-1 ディレクトリを作成する

ディレクトリを作成するには `mkdir` コマンドを利用します。同じディレクトリ名（またはファイル名）がある場合には、エラーが表示されます。

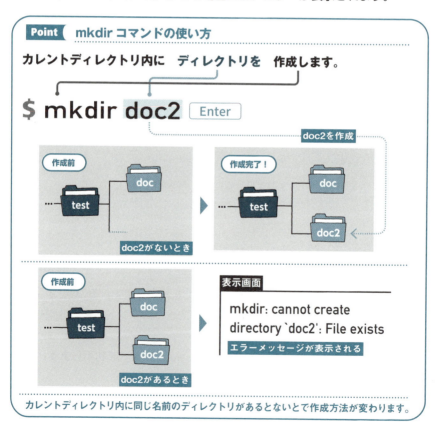

ここでもカレントディレクトリは /home/rinako/doc/test です。

```
$ mkdir doc2 Enter
```
▼
```
$
```
↑ 何も表示されない

17-2 ディレクトリ、ファイルを削除する

ディレクトリを削除するには `rmdir` コマンドを利用します。

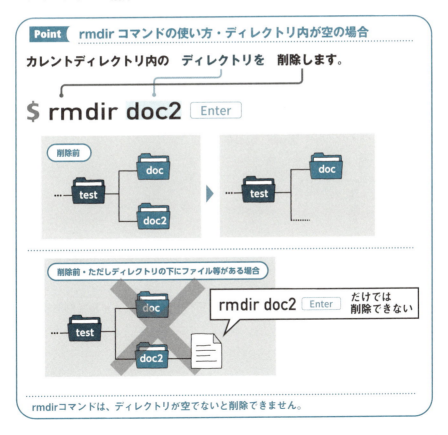

rmdirコマンドは、ディレクトリが空でないと削除できません。

```
$ rmdir doc2 Enter
```

```
$
```
↑ 何も表示されない

　しかし、ディレクトリ以下にファイル等があった場合には、rimdir コマンドではそのディレクトリを削除できません。
　ファイル等があるディレクトリを削除するには、rm コマンドを -r オプションをつけて実行します。

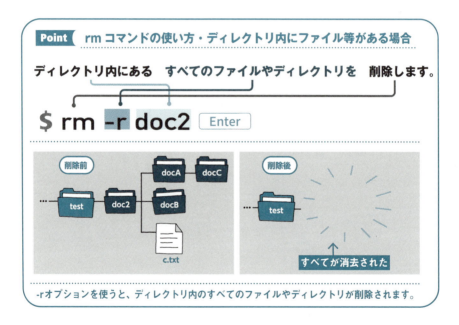

　rm コマンドの引数にファイル名を指定すれば、そのファイルを削除することができます。

```
$ rm nikki3.txt Enter
```

問題 1

Linux で個別のファイルを分類・整理するための箱を何といいますか？

ⓐ フォルダ
ⓑ ブック
ⓒ バインダー
ⓓ ディレクトリ

問題 2

別のディレクトリへ移動するときに使うコマンドは何ですか？

ⓐ cd
ⓑ pwd
ⓒ chmod
ⓓ mv

問題 3

あるユーザーがログイン時に付与されるホームディレクトリをあらわす略号はどれですか？

ⓐ %
ⓑ ~
ⓒ $
ⓓ !

問題 4

ls コマンドで、ファイルのサイズや作成日時などの詳細情報を表示するオプションはどれですか？

ⓐ –F
ⓑ –l
ⓒ –a
ⓓ –r

問題 5

大きなテキストファイルの内容を、ページを進めたり戻ったりしながら見るコマンドはどれですか？

ⓐ cat
ⓑ less
ⓒ more
ⓓ pwd

問題 6

あるファイルを別の場所に移動させるコマンドはどれですか？

ⓐ cat
ⓑ cp
ⓒ mv
ⓓ ren

問題 7

cp コマンドで、複数のファイルがあるディレクトリを丸ごとコピーするためのオプションはどれですか？

ⓐ -r
ⓑ -i
ⓒ -o
ⓓ -v

問題 8

cp コマンドで、同じファイルがあるときに確認しながらコピーするオプションはどれですか？

ⓐ -b
ⓑ -i
ⓒ -l
ⓓ -v

問題 9

ディレクトリを新規に作成するコマンドはどれですか？

ⓐ cat
ⓑ mkdir
ⓒ rmdir
ⓓ chdir

問題 10

自分がいまいるディレクトリを何と呼びますか？

ⓐ リアルディレクトリ
ⓑ ワークディレクトリ
ⓒ コマンドディレクトリ
ⓓ カレントディレクトリ

解 答

問題 1 解答

正解は⓭のディレクトリ。

これは Windows システムでいうフォルダと同じく、関連のあるファイルをまとめて収納する箱のようなものをイメージしてください。Linux ではユーザーが使う usr、バイナリの実行ファイルを入れる bin、一時ファイルを入れる tmp というように、慣習的に名称が決まっているものもあります。

問題 2 解答

正解はⓐの cd コマンド。

これは Change Directory、つまりディレクトリを変更せよという言葉の略称になります。Linux のコマンドはこのような英語の略語であり、元の意味も理解しておくと、コマンドを覚えやすくなります。

問題 3 解答

正解はⓑの ~ 文字。

日本語では「にょろ」などといいますが、チルダと読みます。cd コマンドでこれだけを指定すると、自分のホームディレクトリに戻ることができます。Linux ではこのように記号に特殊な意味をもたせたものがいろいろあります。しっかりマスターすると、さまざまな操作が柔軟に素早くできるようになるので、便利です。

問題 4 解答

正解はⓑのオプションの -l。

オプションの -F を使うとファイルの種類を示す記号をつけて見やすく表示できます。-a は、先頭に . (ドット) の付いた隠しファイルを含めた全ファイルを表示するのに使います。-r は、ファイル名を逆順でソートして表示するのに使います。このように、オプションを活用すれば、素早く便利な機能を利用できます。

問題 5 解答

正解はⓑの less コマンド。

スペースキーや矢印キーを使って、大きなテキストファイルでも上下させつつ見ることができます。テキストファイルの表示では cat コマンドを使うのが基本です。しかし、大きなファイルだとあっという間にスクロールしてしまうので、上下にスクロールできる less コマンドを使うとよいでしょう。ページ単位で止めて表示する more コマンドも便利です。

問題 6 解答

正解はⓒの mv コマンド。

ファイルを元の場所に残して複製するときは cp コマンド、移動したり名前を変えるときは mv コマンドを使います。

問題 7 解答

正解はⓐのオプションの -r。

ディレクトリおよびそのなかのサブディレクトリやファイルを、丸ごとコピーします。

問題 8 解答

正解はⓑのオプションの -i。

コピー先に同じ名前のファイルがあるときに上書きしてよいか確認するので、誤って重要なファイルを上書きしないようにできます。管理者によってはalias（エイリアス）を設定して、cp コマンドや mv コマンドに強制的に "cp -i" を設定している人もいます。

問題 9 解答

正解はⓑの mkdir コマンド。

作成したディレクトリにファイルを振り分ければ、効率よく分類・整理できます。

問題 10 解答

正解はⓓのカレントディレクトリ。

コマンドラインから作業するときは、ツリー状に広がる Linux のファイルシステムのなかで、常に自分がどこにいるか把握しておく必要があります。いまいる場所を調べるには、pwd コマンドを使います。

第4章 はじめてのエディター

- **18** Windows の Word が Linux では vi だ
- **19** vi エディターを使ってみよう
- **20** vi エディターで編集してみよう
- **21** ほかのエディターを使う

18 第4章 はじめてのエディター
WindowsのWordが Linuxではviだ

Linuxのテキストエディターといえばviです。この章ではviの操作法を簡単に説明していきます。

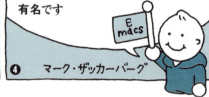

18-1 Linuxのエディター

　テキストファイルを編集する**エディター**（テキストエディター）は、OSに標準で付属しています。Windowsならメモ帳がありますし、もっと高機能

のものがほしければ、市販のアプリケーションのWordをテキストエディターとして使っているかもしれません。

Linuxのエディターには**VIM**（ヴィム）エディターがあります。VIMは、30年以上前からUNIXで使われているテキストエディターである**vi**（ヴィアイ）エディターを改良したものです。強力な編集機能はviエディターから引き継がれていますが、伝統的に引き継がれているもう1つの特徴が操作方法です。

18-2 操作に慣れないと地獄、慣れたら天国

Wordなどと違って、VIMやviエディターには直感では通用しない独特の操作方法があります。慣れないうちは、とにかく扱いづらいのです。1文字挿入するのさえ四苦八苦、思わぬ操作ミスでイチからファイルを書き直すことも多々あります。

その代わり、慣れてしまうととても快適です。30年以上使われ続けてきた理由がそこにあります。VIMやviエディターの操作にどうしても慣れない場合は、**nano**や**Emacs**などのエディターを使うのも手です。なおUbuntuの標準エディターは、nanoです。

18-3 viはLinuxの標準エディター

viエディターはLinux以外のUNIX系OSで広く採用されているので、viエディターの扱いを知っておくと、何かと役に立ちます。たとえば、nanoエディターは標準でインストールされていないサーバーが多いので、せっかくnanoエディターの操作に慣れていても、それを活かすことができない場合もあります。

とにかく、viエディターは操作方法を覚えておいて損はしません。

19

第4章 はじめてのエディター

vi エディターを使ってみよう

vi エディターには 2 つのモードがあります。このモードは [i] キーと [Esc] キーを押すことで切り替えることができます。

19-1 vi エディターを起動する

vi エディターを起動してみましょう。**VIM エディター**でもかまいません。

Point vi エディターと VIM エディターの起動

新規ファイルの場合は、コマンドを入力して [Enter] キーを押すだけで起動します。次のような画面が表示されます。

しかし、vi エディターを起動してすぐに文字を入力しようとしても、キーを受けつけてくれません。vi の起動時は**コマンドモード**になっているからで

す。文字を入力するには、**挿入モード**にする必要があるのです。

ここで、コマンドモードから挿入モードへ、その逆に挿入モードからコマンドモードへ切り替えるときに押すキーをおぼえておきましょう。

- コマンドモードから挿入モードへの切り替え：[i] キーを押す。
- 挿入モードからコマンドモードへの切り替え：[Esc] キーを押す。

vi エディターを起動後、[i] キーを押して挿入モードに切り替えてから何かキーを押すと、次のような画面になります。

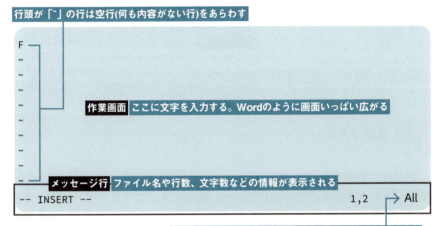

なお、CentOS では日本語表示を選ぶこともできますが、本書の学習環境では英字表示（言語選択で英語）にしてあります。日本語表示はコマンド操作にはあまり関係ないことと、日本語と英字の切り替えや文字編集の際に無用なトラブルを起こさない、ということに配慮したためです。

19-2 文字を入力する

vi エディターを起動後、[i] キーを押せば挿入モードになります。挿入モードでは、好きなだけ文字を入力できます。

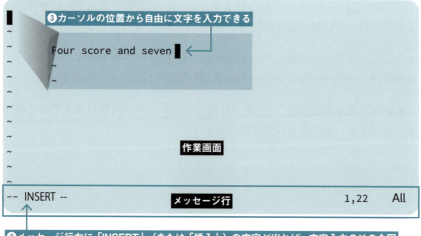

19-3 編集する

　具体的な編集方法については次節の『20』で説明しますが、挿入モードから Esc キーを押すとコマンドモードに戻ります。コマンドモードでは文字を入力することはできませんが、文字のコピーや貼りつけ、検索などの機能が使えるようになります。

19-4 カーソルを動かす

　たとえば次のような少し長めの文章を入力してみましょう（Abraham Lincoln. "Gettysburg Address" (1863)）。コマンドモード、挿入モードのどちらのときでも、↑、↓、←、→ のキーでカーソルを自由に動かすことができます。
　なお、この文章は /home/rinako/doc/chap4/lincoln.txt として保存してあります。

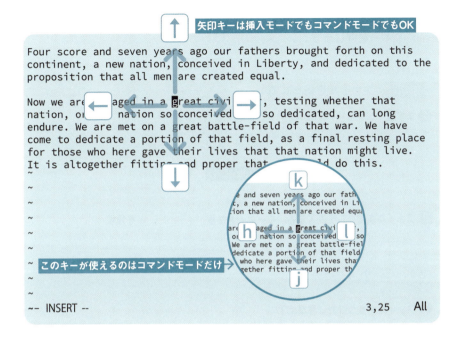

また、コマンドモードでは、↑、↓、←、→ キーを以下のキーで代用できます。ホームポジションからカーソル移動できるので便利です。

キー	機能
h	カーソルを左に移動。← と同じ
j	カーソルを下に移動。↓ と同じ
k	カーソルを上に移動。↑ と同じ
l	カーソルを右に移動。→ と同じ

19-5 ファイルを保存する

vi エディターでファイルを保存するには、コマンドモードで : w Space とまずは入力します。: キーを押すと、カーソルがメッセージ行に移動しま

す。ここで W Space を押し、ファイルの保存場所とファイル名を指定して Enter キーを押します。

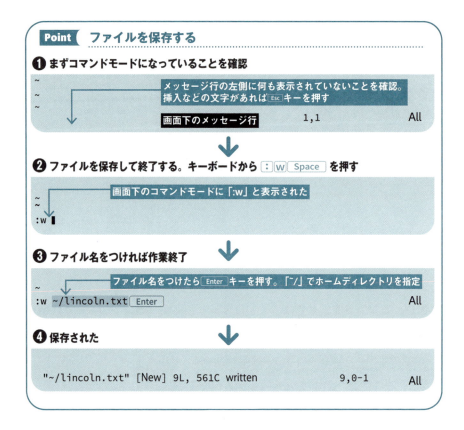

19-6 vi エディターを終了する

vi エディターを終了するには、コマンドモードで : q と入力します。: キーを押すと、カーソルがメッセージ行に移動します。ここで q キーに続けて Enter キーを押します。

vi エディターで1文字以上の変更や入力、削除などを行った場合には、一度、書き込み（＝保存）を行ってからでないと、: q Enter キーで終了できません。編集途中で保存する必要がなくなって、それまでの編集結果を破棄し

てもいい場合や破棄したい場合には、:q に続けて ! キーを入力すると、編集結果を破棄して vi エディターを終了できます。

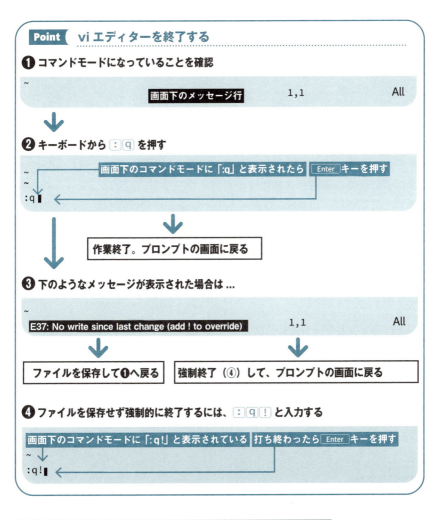

キー	機能
q	終了
q !	破棄終了。それまで編集した結果は保存されない

20 第4章 はじめてのエディター
vi エディターで編集してみよう

コマンドモードをうまく使いこなして、効率よく文字を編集していきましょう。ここでは、削除やコピーなど標準的な編集機能を紹介していきます。

20-1 ファイルを開く

保存してあるファイルを vi エディターで開き、編集していきましょう。vi コマンドに続けて絶対パスまたは相対パスをつけて、対象のファイルを指定します。ここでは、『19-5』でホームディレクトリに保存した「lincoln.txt」を開いて編集していきます。

```
$ vi ~/lincoln.txt [Enter]
     ↑ ホームディレクトリにあるlincoln.txt
```

以下、コマンドモードでの作業になります。

> ⚠ **注意**
>
> **困ったら [Esc] キーを忘れずに**
> 挿入モード、コマンドモード、どちらで作業をしているかわからなくなることがよくあります。このときはまず、[Esc] キーを押します。

> ⚠ **注意**
>
> **キーボードの大文字と小文字**
> コマンドモードでは大文字と小文字で結果が変わるので注意してください。キーボードの [A] キーを押すと小文字「a」がタイプできますが、[Shift] キーを押しながら [A] キーを押すと、大文字の「A」になります。もちろん、[Caps Lock] キーが有効になっていると、すべて大文字になります。

20-2 文字・行を削除する

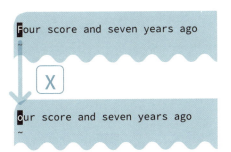

　カーソル位置の文字を削除するには x キーを、カーソルの左の文字を削除するには X キーを入力します。 Del キーや Back space キーが正しく動作しないマシンで作業するとき、 x や X キーを使った削除は重宝します。
　また dd のように d キーを続けて2回押すと、カーソルのある行（画面の右端までではなく、改行があるところまで）が削除されます。

123

キー操作	説明	メモ
x	カーソル位置の1文字を削除	Del キーと同じ
X	カーソルの左の1文字を削除	Back space キーと同じ
dd	カーソルのある行を削除	

20-3 文字・行をコピー、貼りつける

　まず、行をコピーするにはコピーしたい行にカーソルを置いてから、y y と、y キーを続けて2回押します。これで行のコピーは完了です。
　コピーしたら貼りつけます。p（小文字）キーを押すと、カーソル位置の次の行にコピーした行が挿入されます。

❶カーソルがこの行のどこかにあるとき　y y とタイプ

❷実行すると、この部分（1行分）がコピーされる

Four score and seven years ago our fathers brought forth on this continent, a new nation, conceived in Liberty, and dedicated to the proposition that all men are created equal.

Now we are engaged in a great civil war, testing whether that nation, or any nation so conceived and so dedicated, can long

❸すかさず、p（小文字）とタイプ

Four score and seven years ago our fathers brought forth on this continent, a new nation, conceived in Liberty, and dedicated to the proposition that all men are created equal.
Four score and seven years ago our fathers brought forth on this continent, a new nation, conceived in Liberty, and dedicated to the proposition that all men are created equal.

Now we are engaged in a great civil war, testing whether that

❹コピーした部分がペースト（貼りつけ）された

キー操作	説明
[y][y]	カーソルのある行をコピー
[p]	カーソル位置の次の行に貼り付け

　文字単位でのコピーも可能です。1文字コピーしたい場合は、その文字にカーソルを合わせ、[y][l] とキーを押します。続けて、貼りつけたい場所にカーソルを移動して [p] キーを押します。文字はインサート（挿入）されますが、貼りつけられる位置はカーソルの1文字右側になるので注意してください。

　複数の文字、たとえば n 文字をコピーした場合は、コピーしたい文字列の先頭にカーソルをもっていき、[n][y][l] とキーを押します。4文字コピーしたいのなら、[4][y][l] とキーを押します。続けて、貼りつけたい場所にカーソルを移動して [p] キーを押します。たとえば、

```
What's new?    ← 「n」にカーソルを置いて[4][y][l]とキーを押す
o
```

で「new?」の「n」にカーソルがある状態で [4][y][l] とキーを押し、次の行の「o」にカーソルを移動して [p] キーを押すと、次のようになります。

```
What's new?
onew?    ← 「o」にカーソルを置いて[p]キーを押した
```

　切り取り・貼り付け（いわゆるカット＆ペースト）は、削除で紹介した [x] キーと、[p] キーを使います。たとえば、

```
up
What's ?
```

で「up」の「u」にカーソルがある状態で [2][x] とキーを押し、「?」の前にあるスペースにカーソルがある状態で [p] キーを押すと、次のようになります。

```
What's up?
```

キー操作	説明
y、l	1 文字コピー
n、y、l	n 文字コピー
x	1 文字カット
n、x	n 文字カット
p	カーソル位置の右に挿入

20-4 繰り返しの作業

　コピーや貼りつけは、頭に数字をつけることで繰り返しの指定ができます。このとき頭の数字が繰り返す回数です。

キー操作の例	説明
3 x	カーソル位置から 3 文字削除
5 d d	カーソルのある行から 5 行を削除
5 y l	カーソル位置から 5 文字コピー
5 y y	カーソルのある行から 5 行をコピー
7 p	コピーした文字や行を 7 回貼りつける

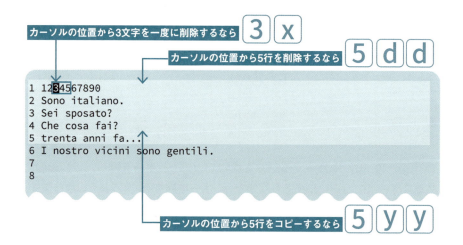

20-5 文字列を削除する

　Word なら、削除したい文字列をカーソルで反転させて [Del] キーを押せば終わりですが、vi エディターにはそういった機能がありません。『20-4』で説明した繰り返しの機能を利用します。

20-6 動作を取り消す

　直前の操作を取り消す（**アンドゥ**）には、[u] キーを押します。また、直前のアンドゥを取り消す（**リドゥ**）には、[.] キーを押します。

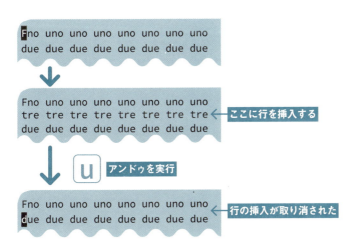

コマンド	説明
[u]	直前の操作を取り消す（アンドゥ）
[.]	直前のアンドゥを取り消す（リドゥ）

20-7 検索する

　今度は文字列を検索してみましょう。コマンドモードで [/] キーを押します。これでメッセージ行に検索文字列を入力できる状態になります。

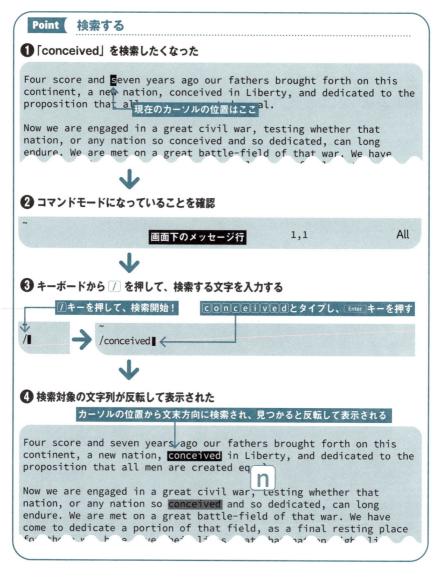

検索したい文字列を入力して Enter キーを押すと、カーソル位置から後ろのほうを検索して、最初にマッチした候補にジャンプします。n キーを押すごとに、次の候補へジャンプします。

> 💡 **マメ知識**
>
> **コマンド名は大文字・小文字で動作が異なる**
>
> [Shift]+[n] を押すと、反対方向(ファイルの先頭方向)へと検索候補を遡っていきます。
> [/] の代わりに [?] でも文字列を検索できます。[?] の場合は、カーソル位置から前のほうへと検索していきます。この場合、[n] キーを押すごとに、前の検索候補へジャンプします。[Shift]+[n] を押すと、反対方向(ファイルの末尾方向)へと検索候補を遡っていきます。通常の検索とは方向が逆になるので注意してください。

20-8 ディスプレイをキーボードだけで自在に操る

vi エディターではキーボードから手を離さずに、すべての操作を実行できます。

キーの役割	説明
[H]	画面の一番上に移動する
[M]	画面のまんなかに移動する
[L]	画面の一番下に移動する

コマンド	説明
:set number [Enter]	行番号を表示する
:set nonumber [Enter]	行番号を表示しない

> 💡 **マメ知識**
>
> **vimtutor**
>
> VIM エディターの基本的な操作をマスターするには、vimtutor が最適です。画面上の指示に従って操作をするだけで、VIM エディターだけでなく、vi エディターの基本操作も身につきます。
> コマンド名 vimtutor で [Enter] キーを押してください。

21 ほかのエディターを使う

第4章 はじめてのエディター

やっぱり vi エディターは難しいということでしたら、nano か Emacs エディターを使ってみましょう。

21-1 Ubuntu で標準の nano を使う

入力モードとコマンドモードの切り替えに、手も足も出ないようでしたら、nano を使ってみましょう。

ファイル関連や検索機能は Ctrl キーや Alt キーを組み合わせて使うため少し複雑ですが、操作方法が常に画面の下部に表示されているので、迷うことはないでしょう。

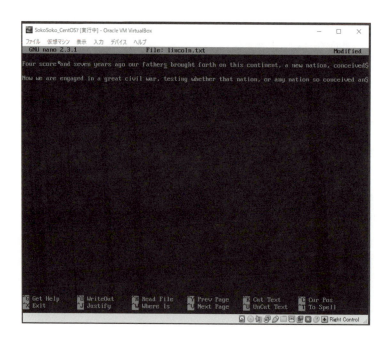

21-2 Emacs を使う

もう1つとっておきのエディターを紹介しましょう。それは、UNIXの世界でviエディターと人気を2分するほどの人気をもつエディターEmacsです。

Emacs Lispという強力なプログラミング言語を使って、Emacs内でWeb閲覧やメールチェックなど、エディターの枠を超えた作業環境を実現してくれます。

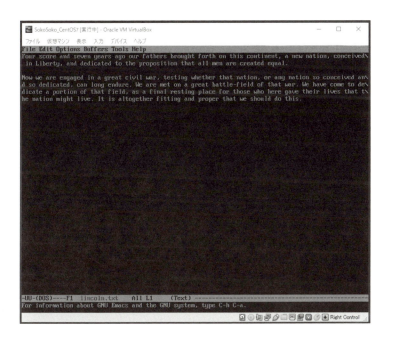

🔎 マメ知識

CentOS に nano や Emacs をインストールする

CentOSなど、初期設定ではnanoやEmacsが用意されていないディストリビューションもあります。このときは、yumコマンドを使ってインストールします（第8章の『46』参照）。

問題 1

viエディターのコマンドモードで、文字入力を開始するときに押すアルファベットはどれですか？

ⓐ c
ⓑ i
ⓒ d
ⓓ q

問題 2

viエディターのコマンドモードでカーソルを上の行に移動するときに押すアルファベットはどれですか？

ⓐ h
ⓑ j
ⓒ k
ⓓ l

問題 3

viエディターのコマンドモードで行をコピーして別の場所に貼りつけるときの組み合わせはどれですか？

ⓐ aa → b
ⓑ cc → p
ⓒ yy → p
ⓓ zz → p

問題 4

vi エディターのコマンドモードでキーワードを検索する方法はどれですか？

ⓐ `/` 検索語
ⓑ `!` 検索語
ⓒ `:` 検索語
ⓓ `%` 検索語

解答

問題 1 解答

正解はⓑの `i` キー。

カーソルの位置から入力するときは `i` キー（インサート）を押します。行末から追加入力するときは `a` キー（アペンド）も覚えておくと便利です。

問題 2 解答

正解はⓒの `k` キー。

vi エディターではなるべくキーボードから手を動かさなくてもいいような操作体系になっています。`h`、`j`、`k`、`l` キーに右手を置けば、いちいち矢印キーに移動しなくてもカーソルの位置を変えることができます。

問題 3 解答

正解はⓒの ⓨⓨ ➡ ⓟ

ⓨⓨ（ⓨ キーを 2 回押す）で行をコピーし、ⓟ キーで貼りつけます。なお、カットの場合は、ⓓⓓ（d キーを 2 回押す）で行ごと削除となります。つまり ⓓⓓ ➡ ⓟ キーで、カット・アンド・ペーストになるわけです。

問題 4 解答

正解はⓐの ⓛ（スラッシュ）と検索語。

[Esc] キーを押してコマンドモードに入り、ⓛ キーを押すと、一番下の行にカーソルが移り、そこに検索語を入力します。検索語が見つかると、その位置にカーソルがジャンプします。

第5章 ユーザーの役割とグループのきほん

- 22 ユーザーは3つに分けられる
- 23 管理者ユーザーの仕事
- 24 管理者ユーザーの心がまえ
- 25 rootになる方法
- 26 ユーザーとグループ、パーミッション
- 27 ユーザー関係のコマンド
- 28 グループ関係のコマンド
- 29 システム管理コマンド

22

第5章 ユーザーの役割とグループのきほん

ユーザーは3つに分けられる

Linuxは1台のコンピューターを複数のユーザーで使うことを前提につくられています。ユーザーには、一般ユーザーのほかに管理者ユーザー、システムユーザーがあります。

22-1 「ユーザーのなかのユーザー」が管理者ユーザー

　システムを管理する権限をもったユーザーを**管理者ユーザー**、または**スーパーユーザー**といいます。単に **root**（ルート）とも呼びます。さて、この管理者ユーザーは、システムを管理するための特別な権限をもっています。具

体的には、Linux をインストールしてセッティングを行い、必要なアプリケーションをインストールし、システムを監視・運営していきます。

会社でたとえると、管理者ユーザーは社長や取締役レベルです。会社の運営すべてに携わる特別な存在です。

> **マメ知識**
>
> **システムとは**
> ここでいうシステムとは、ハードウェア、ソフトウェア、ネットワークを Linux を中心に構築することです。

22-2 「ロボット」がシステムユーザー

一般ユーザーや、管理者ユーザーの代わりに働いてくれるのが**システムユーザー**です。メーカーの工場にあるロボットのように、24 時間休みなく働きます。

具体的なシステムユーザーの仕事には以下のようなものがあります。

仕事	説明
メール	ユーザーにメールを届ける。
Web サーバー	Web サーバーが正しく動いているかチェックする。

22-3 「ふつうのユーザー」が一般ユーザー

一般ユーザーはごくふつうの Linux ユーザーです。会社でいうと文字どおり一般社員。システムを管理する権限はありません。管理者ユーザーが Linux 全般を見守ってくれるおかげで、特別な知識がなくても、自分の仕事にだけ専念できるようになるのです。

23 管理者ユーザーの仕事

第5章 ユーザーの役割とグループのきほん

社長が自ら先頭に立って会社の舵を取るように、Linuxでは管理者ユーザーがコンピューターを管理していきます。

23-1 地味だけど、必要不可欠。管理者ユーザーの仕事

Linuxで、サーバーやメールがいつも当たり前に動いているのは、システムの管理者のおかげです。誰かが勝手に変更して、ほかのユーザーに迷惑がかからないよう、管理者ユーザーが責任をもってLinuxを管理しているからにほかなりません。

23-2 ユーザー名rootでシステム管理の仕事をする

Linuxでは、実際にシステムの管理者、つまり管理者ユーザーが仕事をするときの約束事があります。それは、

- システムの管理者（root）のユーザー名は必ずrootになる
- 1台のLinuxマシンにrootは必ずひとりだけ
- rootのホームディレクトリは/root。一般ユーザーのホームディレクトリである/homeの下とは別

rootという名前は、Linuxのファイルシステムがルートディレクトリを起点とすることから命名されたようです。

23-3 システムの管理者はいつもrootでいるわけではない

管理者ユーザーには、細心の注意が要求されます。システムの設定を自在に変更できますし、すべてのファイルやディレクトリにアクセスできる権限をもちます。実際、操作ミスからデータをすべて消去してしまったという失敗談もよく聞きます。キーボードのミスタッチだけで取り返しのつかない損害を与えてしまうこともあるのです。

rootでログインしてすべての作業をすると、その分、リスクが増えます。そのため、システム管理の仕事はrootで、それ以外は一般ユーザーのアカウントでログインすることが推奨されています。

> **マメ知識**
>
> **root 権限の利用**
> sudoコマンドを使うと、一般ユーザーでもログアウトせずにrootに切り替えることができます。ただし、ユーザーがwheelグループに属していることと、あらかじめ/etc/sudouserでwheelグループに対する設定をすませておく必要があります。本書の学習環境では、設定をすませてあるので変更する必要はありません。

24 管理者ユーザーの心がまえ

第5章　ユーザーの役割とグループのきほん

システム管理者に要求されることは3つ。管理者としての権限を客観的に判断する、モラルを守る、そして外部からの侵入を防ぐことです。

負けるな管理者ユーザー

24-1　管理者ユーザーとしてのチカラ

　大切なのは自分の実力を客観的に判断することです。何ができて何ができないかを客観的に見るようにしてください。大きな会社なら専属のシステム管理者を置くことが可能ですが、ほかの仕事とかけもちで働くシステム管理者も多いはずです。理想は「すべてを自力で」ですが、できることとできないことを明確に区別し、手に負えない高度な作業は専門の業者に頼むとよいでしょう。

24-2　モラルを守る

　システム管理者はrootでログインすると、すべてのファイルのなかみを見ることができます。業務上の秘密情報を盗み見ることもできますし、好きな

子のメールをのぞき見したり、嫌いな上司のユーザーの機能を制限するなどのいじわるも、やろうと思えばできてしまいます。絶大な権限をもつ管理者だからこそ、「そんなことやっちゃダメ」というモラルが必要なのです。

24-3 外部からの侵入を防ぐ

　外部から攻撃されると、真っ先に標的になるのは管理者ユーザーです。ねらいは1つ、rootのパスワードです。一般ユーザーのパスワードが漏れるのも大変ですが、rootのパスワードを盗まれると、もう大事件です。ハッカーの手にパスワードが渡ってしまえば、Linuxは完全に乗っ取られ、万能の神の権利は攻撃者の手に渡ってしまうからです。

　このため、rootのパスワードは厳重に守らなければなりません。単純なパスワードだと、総当たり攻撃によって割り出される危険が高くなります。パスワードを守るために、チェックすることをあげてみます。

- 複数でパスワードを管理しているなら、最小限の人数にとどめる
- 定期的に変更する
- 複雑なパスワードを設定する
- rootで作業する時間を極力少なくする
- 外部のネットワークからrootで入れないようにする

> **マメ知識**
>
> **sudoコマンドを使って被害を最小限にとどめる**
> Linuxのサーバーやデータベースなどが、すべてひとりのシステム管理者に管理されているとします。このとき、rootのパスワードを盗まれてしまうと、被害はシステムすべてに影響してしまいます。これを防ぐためにも、rootからのログインを禁止し、複数のユーザーで管理してリスクを分散することをおすすめします。このときsudoコマンドを使えば便利です（『25-2』参照）。

25 rootになる方法

第5章 ユーザーの役割とグループのきほん

実際にroot（管理者ユーザー）として、Linuxを操作してみましょう。ただし、rootのパスワードを知っていることが前提です。

25-1 rootでログインする

まず、rootでログインします。ログイン名にrootを指定し、rootのパスワードを入力します。

```
localhost login: root    ← ログイン名に「root」を指定する
Password:                ← 本書用CentOSのrootのパスワードは「1234pswd」
```

```
#    ← root（管理者ユーザー）なので、プロンプトは#
```

⚠ 注意

rootから直接ログインできない場合がある

外部からの侵入を防ぐため、ディストリビューションや管理者によって、rootから直接ログインできないように設定されていることがあります。この場合は、次に説明するsuコマンドを使います。

25-2 suコマンドを使う

suコマンドは一般ユーザーがLinuxを使用中、一時的に管理者ユーザーとして作業するときに使います。引数なしでsuコマンドを実行すると、自動的に管理者ユーザーに切り替わります。パスワードを求められるので、rootのパスワードを入力します。

```
$ su [Enter]    ← suコマンドを引数なしで実行
```
▼
```
password:    ← rootのパスワードを入力して[Enter]
```
▼
```
#    ← プロンプトが$から#に変わった
```

作業が終わったら、**exit** コマンドで、一般ユーザーに戻ることができます。

```
# exit [Enter]
```
▼
```
$    ← プロンプトがもう一度、#から$に戻る
```

ディストリビューションによっては、初期設定で root のパスワードが設定されていないこともあります。また、管理者ユーザーがセキュリティ上の問題から、あらかじめ su コマンドを使えないようにしている場合もあります。その場合は、**sudo** コマンドを使います。

```
$ sudo shutdown -r now [Enter]
```
↑ sudoコマンドで、shutdownコマンド（『29-3』参照）を使う

▼
```
[sudo]password for rinako:    ← 一般ユーザーのパスワードを入力する
```

sudoコマンドを実行すると、最初にパスワードを入力することになります。このとき、root のパスワードではなく、現在ログインしているユーザーのパスワードを入力します。

また、**sudo** コマンドを使うには、あらかじめそのユーザーが wheel グループに追加されている必要があります。**usermod** コマンドでグループに追加します（『28-2』参照）。

26 ユーザーとグループ、パーミッション

第5章 ユーザーの役割とグループのきほん

ファイルやディレクトリには、その所有者と所有者が所属するグループが設定されています。さらに、所有者、グループごとにパーミッションという情報をもっています。

26-1 ユーザーがまとまってグループをつくる

　Linuxのすべてのファイルやディレクトリは、その**ユーザー（所有者）**と複数のユーザーがまとめてつくる**グループ**の2つの情報をもっています。

たとえば、ユーザーとグループの関係を会社の組織で考えると、ユーザーが社員、その社員が所属する部署がグループとなります。総務部のりなこさんなら、ユーザーは「りなこ」さん、グループは「総務部」になります。

26-2 社内の文書は個人用・部署内用・部署外用に分けられる

勤務中、りなこさんの書いた ToDo メモなどは、本人が読み、本人が自由に書き加えることができます。

また、社内には公的な文書があります。たとえば、総務部内でりなこさんが集めた資料を部会で見せたり、あるいは提案書を上司に書き直してもらうことがあるかもしれません。さらに、総務部以外の営業部や経理部などの社内の人にも、見てもらいたい文書があります。

しかし、すべての文書を社員全員に見せるわけにはいきません。部外秘、社外秘という言葉があるように、社内を飛びかう文書には、個人のもの、部署内、部署以外と3つの基準で、閲覧や書き込みの制限をかける必要があるのです。

26-3 ファイルごとに読み取り、書き込み、実行を設定できる

Linux では、このようなセキュリティの問題を解決するために、ユーザー、グループ内のユーザー、グループ以外のユーザーの3つに対して、ファイルに読み取り権、書き込み権、そして実行権を設定できるようになっています。それぞれに、「許可する」か、あるいは「許可しない」かの**アクセス権**を指定することで、ファイルに対して、誰がどういう操作をするかを細かく指定できます。

このようなファイルの情報は、ls コマンドの -l オプションを使って詳細を見ることができます。

それでは、ls コマンドを -l オプションで実行したときの例を見てみましょう。1行ごとに表示されるファイル情報を見ると、最初の1文字が d か - のはずです。これは d ならばディレクトリを、- ならばファイルをあらわします。

その次の2文字めから10文字めまでに表示されるr、w、x、-で構成される9文字が**パーミッション情報**です。

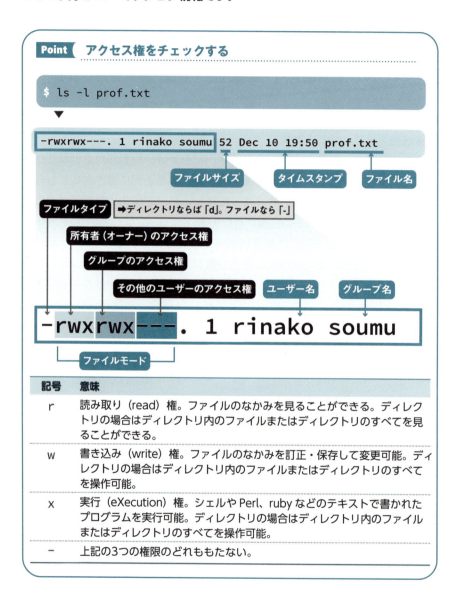

パーミッション情報をもっとくわしく見ていきましょう。たとえば、次のようなコウハイクンのファイルがあるとします。

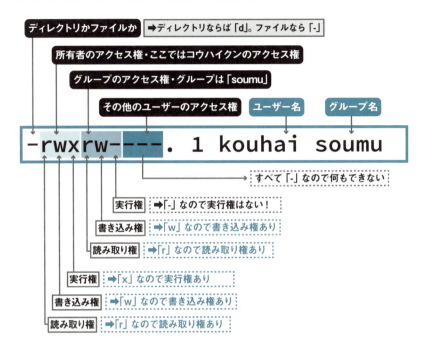

どうですか？　このファイルはグループ内なら読み取り、書き込み可能ですが、グループ以外のユーザーには読み取り・書き込み・実行がすべて不可能になっています。

もしも、すべてのユーザーが読み取り、書き込み、実行が可能なファイルなら下のようになります。

```
-rwxrwxrwx. 1 kouhai soumu
```

今度は、`ls` コマンドのファイルを見てみます。

　rootのグループはrootです。このファイルには読み取り権があるので、全ユーザーが読み取ることができますが、バイナリファイルなので、実際は見ることができません。
　ディレクトリの場合は、先頭の文字が「d」になります。

　ディレクトリにユーザーグループの書き込み権があれば、そのグループのユーザーは書き込みできます。

26-4 chmodコマンドでアクセス権を変更する

読み取り、書き込みなどのアクセス権は chmod コマンドを使って変更できます。chmod コマンドは数値モードによる設定と、シンボルモードによる設定ができますが、ここでは数値モードを説明します。

例として、第3章で使用したファイル rstr.sh のアクセス権を変更してみます。まずは、パーミッション情報を確認しておきましょう。作業の都合上、ここでは rstr.sh のあるディレクトリにカレントディレクトリを移動させてから作業しています。

```
$ cd /home/rinako/doc/project Enter
$ ls -l rstr.sh Enter
```
▼
```
-rwxrwxrwx. 1 rinako soumu 166 Jan 17 18:05 rstr.sh
```

数値モードでは、各パーミッションの設定を数字で表現します。

読み取り（r）は4、書き込み（w）は2、実行（x）は1、権限がなければ0とし、所有者、グループ、その他のユーザーごとの数字の合計を並べて書きます。

次の表に、設定されることが多いパーミッションの例をまとめてみました。

パーミッション	数字	説明
rwxrwxrwx	777	すべてのユーザーは読み取り、書き込み、実行ができる。
rw-r--r--	644	すべてのユーザーは読み取りができ、所有者は書き込みもできる。
rwxr-xr-x	755	すべてのユーザーは読み取りと実行ができ、所有者は書き込みもできる。
rw-------	600	所有者のみ読み取りと書き込みができる。
---------	000	すべてのユーザーは読み取りも書き込みも実行もできない。

!注意

rootとパーミッション

rootは「すべてのユーザー」には含まれないので、注意してください。

26-5 所属するグループを確認する

ユーザーがどのグループに所属しているかを確認してみましょう。それには、groups コマンドを使います。

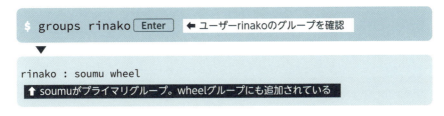

26-6 ユーザーは必ずどれかのグループに所属する決まりがある

Linuxでは、ユーザー（正しくはその権限）は、グループで管理されるしくみを採用しています。このため、特に指定しなければ、ユーザー名がグループ名になります（rootがその典型）。しかし、一般ユーザーは、（ユーザー名ではない）既存のグループに必ず所属させるように指定するのが決まりです。

26-7 グループのきほんはプライマリグループ

一般ユーザーは、複数のグループに所属することができます。その際、最優先（プライマリ）のグループを決めておく必要があります。これを**プライマリグループ**といいます。

26-8 グループとユーザーを操作できるのは管理者ユーザーだけ

　一般ユーザーのそれぞれが、勝手にユーザーを追加したり、グループをつくったり、削除・変更しはじめたりしたら大惨事になります。これらは適正な判断・操作をするのが役目の管理者ユーザーが担う重要な任務の1つといえるでしょう。

> 💡 **マメ知識**
>
> **wheel グループと sudo コマンド**
> root だけが実行できるコマンドを、一般ユーザーにも利用可能にするしくみが sudo コマンド（『25-2』参照）です。しかし、すべての一般ユーザーが sudo コマンドを実行できてしまっては困るので、sudo コマンドを実行できるグループとして用意されたのが wheel グループです。

27 ユーザー関係のコマンド

第5章 ユーザーの役割とグループのきほん

ユーザー関係のコマンドを紹介していきましょう。ただし、この場合root（管理者ユーザー）の権限が必要です。

27-1 ユーザーを追加する

ユーザーを追加できるのは、管理者ユーザーだけです。rootからuseraddコマンドを実行します。

ユーザー名の訂正機能はないのでスペルミスに気をつけましょう。なお、次のコマンドを実行すると、ユーザー名「kouhai」用のホームディレクトリ/home/kouhaiも自動的に作成されます。

> **マメ知識**
>
> **オプションで詳細な設定が可能**
> ユーザーを追加する場合、一般的には「useradd kouhai -g soumu」のようにオプションの -g をつけて、プライマリグループ（soumuはグループ名）を指定します。

27-2 パスワードを設定する

useradd コマンドはユーザーを追加するだけで、パスワードは設定できません。パスワードは passwd コマンドで設定します。ただし、ログインするときと同じように、パスワードは画面上に表示されません。最後に「successfully」と表示されれば、パスワードの設定は成功しています。

マメ知識

パスワードの保存先

ルートの下のディレクトリ etc の下の shadow ファイルにパスワードは保存されています。以前は、etc ディレクトリの下の passwd に保存されていましたが、セキュリティの問題から変更されました。

27-3 一般ユーザーによるパスワードの変更方法

passwd コマンドは一般ユーザーでも実行できます。ただし、一般ユーザーにできるのは自分のパスワードを変更することだけです。

Point passwd コマンドの使い方・自分のパスワードを変更

パスワードを設定します。

$ `passwd` Enter

←一般ユーザーなのでプロンプトは $

```
~略~
(current) UNIX password:    Enter    ←現在のパスワードを入力
New password:    Enter                ←新しいパスワードを入力
Retype new password:    Enter        ←もう一度新しいパスワードを入力
passwd: all authentication tokens updated successfully.
```
↑新旧、都合3回パスワードを正しく入力すると、「成功」のメッセージが表示される。

一般ユーザーのパスワードも passwd コマンドを使って変更できますが、ユーザー名は必要ありません。

　一般ユーザーが自分のパスワードを変更する場合は、最初に、現在のパスワードを入力します。単純すぎる文字列や短い文字数のパスワードは設定できません。気をつけましょう。

💡 マメ知識

万能の神、管理者ユーザーでも一般ユーザーのパスワードは把握できない

一般ユーザーのパスワードは、管理者ユーザーにもわかりません。パスワードを忘れてしまったときは、管理者が新しいパスワードをつくり直して、それをユーザーに知らせることになります。

💡 マメ知識

ランダムなパスワードを生成する

pwgen コマンドを使うと、ランダムなパスワードを自動的に生成できます。pwgen コマンドが見つからないときは yum コマンドでインストールできます（第 8 章の『46』参照）。

27-4 ユーザー情報はどこにあるのか

システムにどのようなユーザーが登録されているかを調べるには、ユーザー情報ファイル /etc/passwd を cat コマンドで表示します。このファイルには、1ユーザーにつき1行で、「:」で区切られたフィールドに各種ユーザー情報が格納されています。

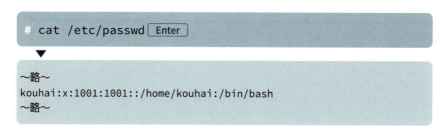

27-5 ユーザーを削除する

ユーザーを削除するには userdel コマンドを使います。もちろん、rootだけが使えるコマンドです。

28 グループ関係のコマンド

第5章 ユーザーの役割とグループのきほん

グループを設定したり、管理するコマンドを見ていきましょう。
この場合も root（管理者ユーザー）の権限が必要です。

28-1 グループを追加する

グループを追加するには、`groupadd` コマンドを実行します。`useradd` コマンドのグループ版です。

グループの情報は /etc/group ファイルに収められています。ファイルの最終行に追加されたグループがあるはずです。/etc/group ファイルの最終行を `tail` コマンド（第7章の『38-4』参照）を使って見てみましょう。

ただし、このグループにはユーザーが登録されていません。ユーザーは次に説明する `usermod` コマンドで追加します。

グループにユーザーが登録されている場合、`tail` コマンドを実行すると、たとえば次のような表示を確認できます。1 行で 1 つのグループの情報を示しています。

28-2 グループにユーザーを追加する

　グループにユーザーを追加するには、`usermod` コマンドを使います。

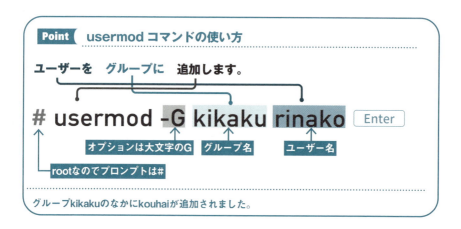

　もう一度、/etc/group ファイルの最終行を `tail` コマンドを使って見てみます。今度は kikaku グループにユーザーが追加されているはずです。

```
kikaku:x:1003:rinako
```

28-3 グループを削除する

　グループを削除するには groupdel コマンドを使います。ただし、ユーザーのプライマリグループは削除することはできません。
　ユーザーのプライマリグループを指定するには、useradd コマンドまたは usermod コマンドで、オプションの -g をつけてユーザーを追加します。

28-4 ファイルの所有者・所有グループを変更する

　次に、ファイルやディレクトリの所有者やグループを変更してみましょう。ただし、ここまでの説明でユーザーやグループの追加・削除を行ってきた都合上、この『28-4』の Point に掲載しているファイルやディレクトリは、本書の学習環境には用意していないものもあります。実際にコマンドを試してみたい方は、ここまでの学習内容を活かして、ご自身でユーザーやグループ、ファイルやディレクトリを追加・作成して試してみてください。
　ファイルの所有者は、chown コマンドを使って変更できます。

ディレクトリの所有者を変更するときは、-Rオプションの有無によって変わってきます。

　所有グループを変更するには、chgrpコマンドを使います。

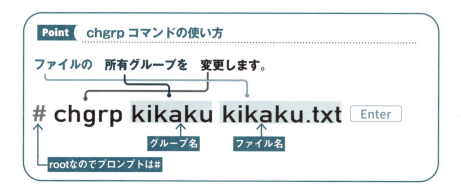

29 システム管理コマンド

第5章　ユーザーの役割とグループのきほん

ログアウト（第2章の『09-7』参照）するだけでは、まだ Linux は終了しているわけではありません。**システムを完全に停止したり、再起動するには systemctl コマンドを使います。**

29-1　CentOS 7 の終了・再起動

バージョン 7 の CentOS から、システム関係のユーティリティが入れ替わり、それに伴うコマンド類の記述方法が変わりました。**systemctl ユーティリティ**と呼ばれるもので、システムやサービスの管理に関係するコマンドをこのユーティリティで統一して管理しようというものです。

たとえば、RedHat 社の資料によれば、電源管理だけでも CentOS 7 で次のように変わっています。

古いコマンド	新しいコマンド	詳細
halt	systemctl halt	システムを停止する。
poweroff	systemctl poweroff	システムの電源を切る。
reboot	systemctl reboot	システムを再起動する。

29-2　システムの電源を切る・システムを再起動する

`systemctl poweroff` コマンドで、システムを停止して電源を切ることができます。システムを再起動するには、`systemctl reboot` コマンドを使います。

ここで覚えておいていただきたいのですが、本来、システム関係のコマンドは管理者ユーザーだけが実行するものです。

29-3 電源を切る・再起動する古いコマンドも使える

　CentOS 7 から **systemctl ユーティリティ** が「推奨」となりましたが、古いコマンドもまだ使えます。CentOS 6 以前の Linux を操作する機会があるかもしれませんので、**systemctl ユーティリティ** より前のコマンドについても知識として知っておきましょう。
　システムの電源を切るには、**shutdown** コマンドを使用します。通常は、次のように使用します。

```
# shutdown -h now Enter
```

　引数はおまじないみたいなもので、「-h now」は「電源を切る時間は、いま！」という意味です。電源を切る時間を指定するには、「now」部分を変えて時間を指定します。23 時に電源を切るには次のようにします。

```
# shutdown -h 23:00 Enter    ← 23時に電源を切る
```

システムを再起動するには、`reboot` コマンドか、`shutdown` コマンドに `-r` オプションをつけて実行します。

```
# reboot Enter    ← 再起動する
```

```
# shutdown -r now Enter    ← 再起動する
```

CentOS 7 では上記のどちらのコマンドも systemctl ユーティリティに置き換えられるだけなので、コマンドの実行結果も同じになります。

システムの終了に関係するコマンドが多いですが、これは、かつては終了までのプロセスを厳密にしないとシステムが壊れたりした名残で、現在ではすべて覚える必要はありません。

💡 マメ知識

一般ユーザーなら sudo コマンドで実行しよう

ここで紹介したシステムの根幹にかかわるような作業は、管理者ユーザーでないと使えない……はずなのですが、最近の CentOS では一般ユーザーのままでも **systemctl poweroff** コマンドや **shutdown** コマンド、**reboot** コマンドが使えます。これは、GUI を使った個人向けの用途でシャットダウンや再起動ができないと困ることを考慮しての措置であると思われます。

しかし、一般ユーザーと管理者ユーザーの違いを明確にするためにも、シャットダウンや再起動を行う際は **sudo** コマンドで実行するクセをつけておきましょう。

```
$ sudo shutdown -h now
$ sudo shutdown -h 23:00

$ sudo reboot
$ sudo shutdown -r now
```

問題 1

ファイルのパーミッション情報が「-rwxr-x---」であったときの情報として、適当なものはどれですか？

ⓐ ファイルの所有者は読み書き可、同グループは読み取り可、その他ユーザーはアクセス不可
ⓑ ファイルの所有者は読み書き可、同グループとその他ユーザーは読み取り可
ⓒ ファイルの所有者は読み書き可、同グループは読み書き可、その他ユーザーはアクセス不可
ⓓ ファイルの所有者のみ読み書き可、同グループとその他ユーザーはアクセス不可

問題 2

管理者ユーザーが一般ユーザー hiroshi を追加するときのコマンドはどれですか？

ⓐ useradd hiroshi
ⓑ mkuser hiroshi
ⓒ touchuser hiroshi
ⓓ make hiroshi

問題 3

管理者ユーザーが一般ユーザー hiroshi を kikaku グループに追加するときのコマンドはどれですか？

ⓐ chgrp hiroshi kikaku
ⓑ usermod -G kikaku hiroshi

ⓒ groupadd hiroshi kikaku
ⓓ chowngroup hiroshi kikaku

問題 4

Linux システムの電源を今すぐ切るには、コマンドラインからどのように入力すればよいでしょうか。

解 答

問題 1 解答

正解はⓐの設定。

Linux のパーミッション情報は左から 2 〜 4 桁がそのファイルの所有者、5 〜 7 桁はそのファイルの所有者が属するグループ、残りがその他のユーザーの情報を意味します。
r は読み取り、w は書き込み（更新）、x はプログラムやスクリプトの実行を意味します。

問題 2 解答

正解はⓐの useradd hiroshi。

useradd コマンドでユーザーを追加します。ユーザーの追加と同時にそのユーザーのホームディレクトリが自動的に作成されます。

問題 3 解答

正解はⓑの usermod –G kikaku hiroshi。

ユーザーをグループに「追加」する場合は、usermod コマンドに –G オプションをつけます。しかし、大文字ではなく小文字で –g オプションをつけて実行すると、ユーザーのプライマリグループを「変更」することになるので注意が必要です。

問題 4 解答

正解は systemctl poweroff。

CentOS 7 からは、systemctl poweroff コマンドを使って電源を切ります。従来からの「shutdown –h now」でも電源を切ることが可能です。

第6章 シェルの便利な機能を使おう

- 30 シェルのしくみを知ろう
- 31 おおまかな指示で必要なファイルを選び出す（ワイルドカード）
- 32 コマンド入力中、代わりに入力してもらう（補完機能）
- 33 過去のコマンド履歴を再利用する（ヒストリー機能）
- 34 コマンドを別名登録する（エイリアス機能）
- 35 プロンプトを変更する（シェル変数について）
- 36 シェル変数のしくみと動作
- 37 いつでも好きな設定を使えるようにする（環境設定ファイル）

30 シェルのしくみを知ろう

第6章 シェルの便利な機能を使おう

Linuxにシェルは欠かせません。まずは、便利な機能を使っていきながら、基本的なしくみや機能を、少しずつ理解していくようにしましょう。

30-1 シェルは専用の秘書

ユーザーと Linux（カーネル）のあいだをとりもつのが**シェル**です。シェルは Linux の秘書。単純でメンドウでしかも大切な仕事を引き受けてくれるおかげで、ユーザーは快適に作業できるようになるのです。

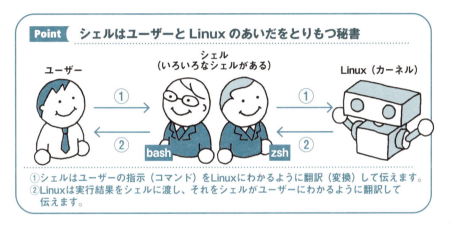

30-2 bash が Linux の標準シェル

Linux では bash 以外にも、tcsh や zsh など、たくさんのシェルのなかから好きなものを選択できますが、この章で紹介するシェルは標準（デフォルト）のシェルである **bash**（バッシュ）です。

また、この章では bash やシェルの複雑なしくみや機能を解説するのではなく、bash がもつ「すぐに役立つラクするための便利な機能」を中心に紹介していきます。

なお本章では原則、カレントディレクトリを /home/rinako/doc/chap6 としています。あらかじめ、**cd** コマンドで移動しておきましょう。

```
$ cd ~/doc/chap6 Enter
     ↑ ~はホームディレクトリをあらわす
```

31 おおまかな指示で必要なファイルを選び出す（ワイルドカード）

第6章 シェルの便利な機能を使おう

必要のないファイル名が表示されたりすると、ちょっとイライラします。そんなときこそ、ワイルドカードを使いましょう。

31-1 ラクするための魔法の文字・ワイルドカード

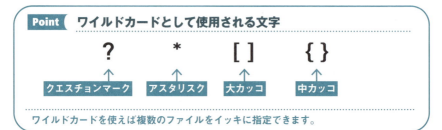

ワイルドカードを使うと、コマンド入力のときに、似たようなファイル名を一気に指定できます。まずは、ワイルドカードの各文字の具体的な使い方を紹介していきましょう。

31-2　？は１文字、＊は１文字以上の文字の代わり

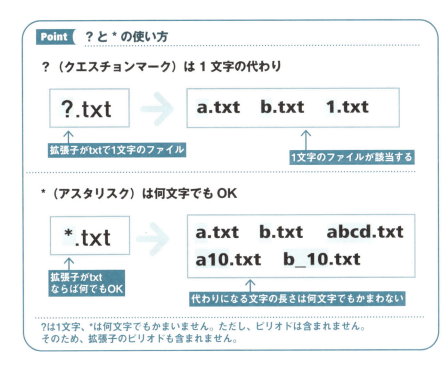

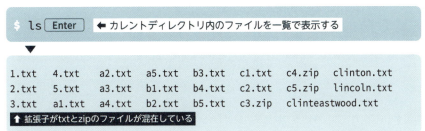

このようにカレントディレクトリ内にいろいろなファイルがあって見にくいときこそ、ワイルドカード、＊や？の出番です。

```
$ ls *.txt Enter   ← *（アスタリスク）を使って拡張子がtxtのファイルを探す
```
▼
```
1.txt 3.txt 5.txt  a2.txt a4.txt b1.txt b3.txt b5.txt c2.txt              clinton.txt
2.txt 4.txt a1.txt a3.txt a5.txt b2.txt b4.txt c1.txt clinteastwood.txt lincoln.txt
```
↑ 拡張子がtxtのファイルだけが表示されている

```
$ ls ?.txt Enter
```
↑ ？（クエスチョンマーク）を使って拡張子が「txt」でその前が1文字のファイルを探す

▼
```
1.txt  2.txt  3.txt  4.txt  5.txt    ← 5つのファイルだけが表示されている
```

31-3 カッコを使ってファイル名をまとめて書く

Point [ ]（大カッコ）の使い方・1文字の候補

[ ]（大カッコ）で1文字の候補をまとめる

①1文字の候補が複数あるなら……
②並べて書いて……
　abc
③カッコで囲む
　[abc]

1文字の候補が複数あるときは、[ ]（大カッコ）を使ってまとめます。

```
$ ls [15].txt Enter
```
↑ [ ]（大カッコ）を使って拡張子の前が1か5のファイルを表示する

▼
```
1.txt  5.txt
```

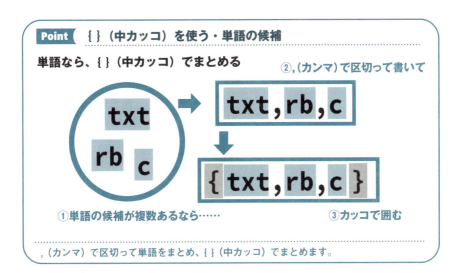

```
$ ls {a2,c1}.txt Enter
```
↑ { }（中カッコ）を使って拡張子txtの前がa1かc2のファイルを探す

▼

a2.txt　c1.txt　← a2.txtとc1.txtがピックアップできた

ワイルドカードを2度使った連続ワザも使えます。

```
$ ls [ab]*.txt Enter
```
↑ aかbではじまり、拡張子がtxtのファイルを探す

▼

a1.txt　a2.txt　a3.txt　a4.txt　a5.txt　b1.txt　b2.txt　b3.txt　b4.txt　b5.txt

　?や[ ]などのワイルドカードの文字をファイル名に使っている場合、その文字の直前にバックスラッシュ \ （半角の ¥ マークに同じ）をつけてワイルドカードと区別します。たとえば、「question?.txt」というファイル名を指定したい場合は、「question\?.txt」とします。

32 コマンド入力中、代わりに入力してもらう（補完機能）

第6章 シェルの便利な機能を使おう

コマンド名を入力して、あとは、ファイル名を入力するだけ。でも肝心のファイル名がきっちり思い出せないときに、登場するのがシェルの補完機能です。

32-1 ブラウザの補完機能

WindowsやスマートフォンのブラウザでURLを入力するとき、次のような補完機能を使ったことがあるはずです。

ブラウザのURLの入力欄。ここで「a」と入力すると....

「a」ではじまるURLの候補が複数登場し、このなかから選ぶだけ。

32-2 シェルの補完機能を使ってみよう

実は、シェルにもこれと似たような機能があります。コマンド入力中にファイル名やコマンドを補完してくれる**補完機能**です。コマンドやファイル名を入力する途中で Tab キーを押すと、補完機能が威力を発揮します。

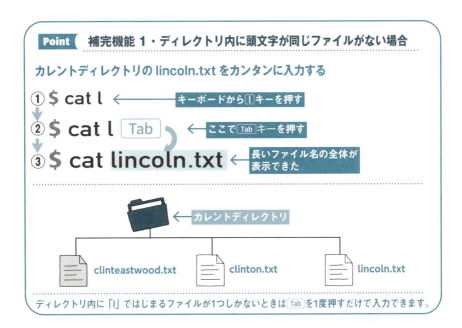

この例では、ファイル名の最初の l キーだけをタイプして Tab キーを押しましたが、単語の途中ならどの位置で押しても、補完してくれます。

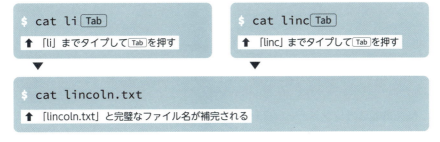

補完機能は大文字、小文字を区別します。たとえばここの例の場合、大文字を指定しても補完されません。

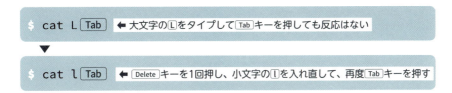

補完候補が複数ある場合は、[Tab]キーを押すと、次の行で変換候補をいくつか表示します。再度文字をタイプして、候補を絞り込みます。

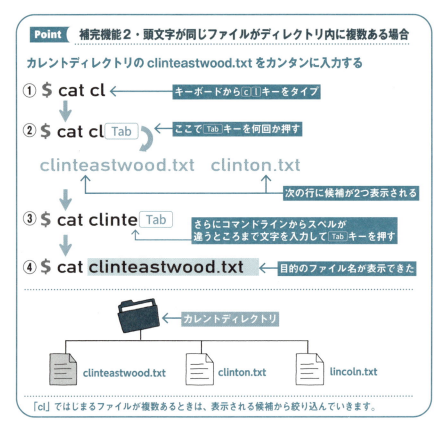

補完機能はカレントディレクトリだけでなく、絶対パスでも使えます。

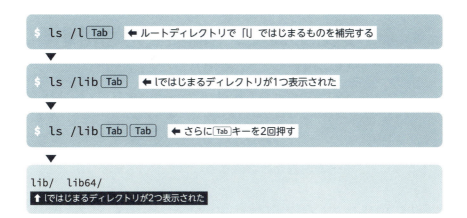

32-3 補完機能はコマンド名でも使える

ファイル名を入力するときに大活躍の補完機能ですが、実はコマンド名を入力するときにも使えます。

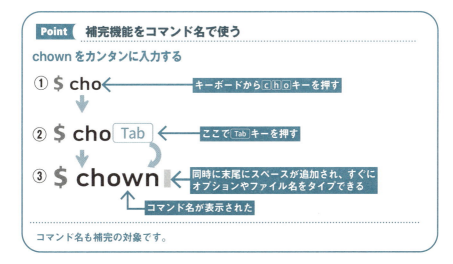

なお、候補となるコマンド名がたくさんあるときは、警告のメッセージが出ることもあります。

33 過去のコマンド履歴を再利用する（ヒストリー機能）

第6章 シェルの便利な機能を使おう

シェルはあなたの一挙一動を見逃しません。過去のコマンド履歴を覚えていて、好きなときに呼び出すことができます。

33-1 ↑、↓ キーで過去を行き来する

過去に入力したコマンドを再び実行したいときがあります。このとき、もう一度、同じ文字を打ち直す必要はありません。プロンプトが表示されているとき、↑、↓ キーを押してください。以前使ったコマンドが次々に登場し、いつでも再利用可能になります。これを**ヒストリー機能**、または**コマンド履歴機能**といいます。

なお、みなさんが入力・実行したコマンドによって、その履歴はさまざまです。このため、本節の履歴はあくまでも例として参考にしてください。

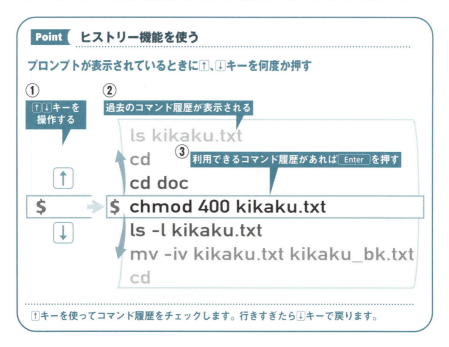

画面にプロンプトが表示されていれば、いつでもヒストリー機能を使うことができます。キーボードから、↑キーを押すだけです。

```
$ ↑    ← プロンプトが表示されているとき、↑キーを何度か押す
▼
$ cp -iv 123.txt 456.txt
↑ ↑キーを押すごとに、最近使ったコマンドの履歴が登場する
▼
$ cp -iv 123.txt 456.txt Enter
↑ このコマンドを実行するなら、最後に Enter キーを押す
```

コマンド入力中でもヒストリー機能は作動します。ただし、途中まで入力したコマンドはすべて消えてしまいます。たとえば、ls コマンドで、ディレクトリ /etc を見るために途中までコマンドを打ったとします。このとき↑キーを押すと、いままで入力した内容はすべてなくなり、直前のコマンドが表示されます。

```
$ ls -l /e ↑   ← コマンド入力中に↑キーを押すと....
▼
$ cp -iv 123.txt 456.txt   ← 一瞬で過去の履歴が表示される
```

ヒストリー機能は、↑↓キーだけではなく、ほかのキーでも代用できます。たとえば、直前のコマンドを再度実行するだけなら、!を2度押して Enter キーを押します。

```
$ !! Enter    ← !を2度押して、Enter キーを押す

cp -iv 123.txt 456.txt
↑ 直前の履歴が実行される。このとき、↑キーと違って、Enter キーは自動で入力される
```

33-2 コマンド履歴を一覧表示する

`history` コマンドを使うと、コマンドの履歴を一覧で表示できます。

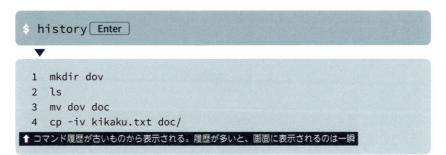

画面に表示しきれないほどコマンド履歴がたくさんあるときは、`less` コマンドと組み合わせて使いましょう（第 3 章の『14-2』参照）。ここではパイプ機能（第 7 章の『41』参照）を併用しています。

`!` と行の先頭にある数字をタイプして Enter キーを押せば、そのコマンドを実行できます。

33-3 ヒストリー機能とキーボードショートカットを併用する

　ヒストリー機能でコマンドの履歴を再利用する方法を説明してきましたが、実際はヒストリー機能を使ったあと、ちょっとした修正を加えてコマンドを再利用する場合のほうが多いはずです。こういうときに覚えておくと便利なキーボードショートカットを紹介しておきます。

　↑、↓キーでコマンド履歴を表示したあと修正を行う場合、行内を自由に移動できると便利です。たとえば行頭にジャンプするには Ctrl キーを押しながら a キーを押します。単語単位でジャンプするには、Alt キーを押しながら f キーまたは b キーを押します。Alt キーの代わりに、Esc キーを押したあとに f または b キーを押してもかまいません。

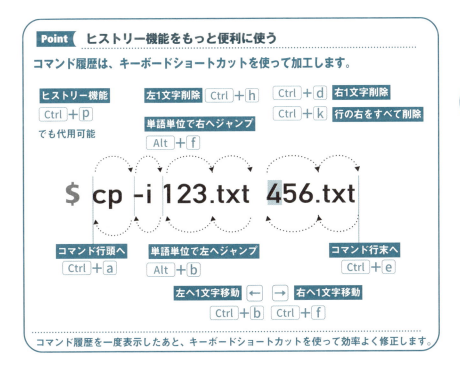

34 コマンドを別名登録する（エイリアス機能）

第6章 シェルの便利な機能を使おう

エイリアス機能を使うと既存のコマンドに別名をつけることもできます。別名はコマンド名と同じで、オプションをつけることも可能です。

34-1 別名をつけてエイリアスを使う

`ls` コマンドにオプションの `-l` をつけた「`ls -l`」はよく使うコマンドですが、毎回入力するのは手間です。こういうとき、**エイリアス機能**が力を発揮します。`alias` コマンドについて紹介します。

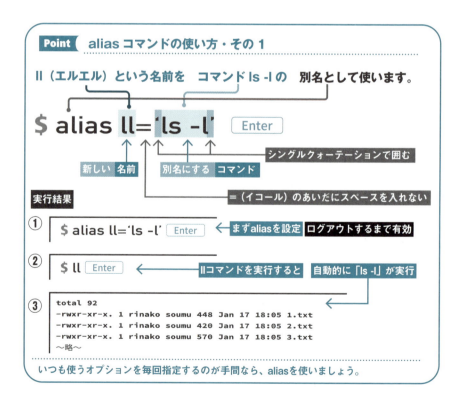

34-2 コマンド名が同じ場合、解除する場合

次は、よく使うコマンドとオプションをそっくりそのまま元のコマンド名でエイリアスする（エイリアス機能を使う）例です。

35 プロンプトを変更する（シェル変数について）

第6章 シェルの便利な機能を使おう

プロンプトを変更するにはシェル変数 PS1 を設定します。Linux では、このようなシェル変数を使って自分好みの設定に変更できます。

35-1 シェル変数 PS1 を設定するとプロンプトを変更できる

シェル変数 **PS1** を使えば、ふだん使っているプロンプトをわかりやすいものに変更できます。特殊な記号さえ理解できれば、設定は簡単です。

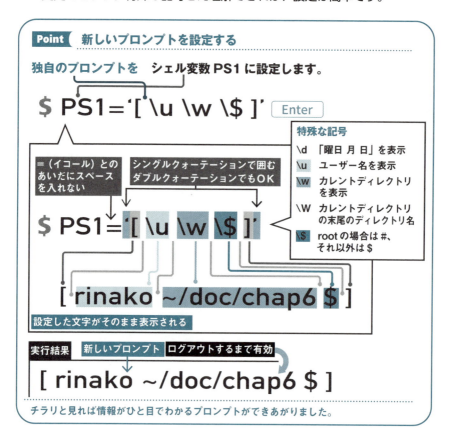

184

特殊な記号を使わず、ふつうの文字だけでプロンプトをつくることもできます。

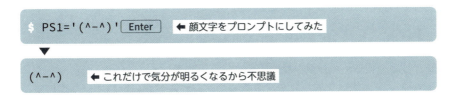

35-2 シェル変数とは何か？

シェル変数は秘書のシェルに渡すメモです。メモの用件を左に（シェル変数名）、設定を右に書けばOKです。左と右の式を結ぶ=（イコール記号）のあいだには、絶対にスペースを入れてはいけません。

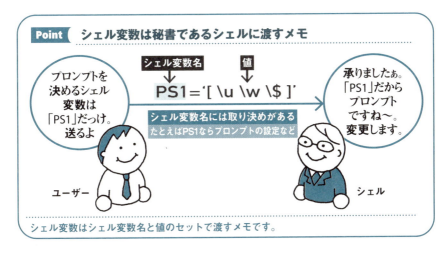

35-3 シェル変数PATHの役割

　PS1以外の代表的なシェル変数を見ていきましょう。

　シェル変数PATHは、シェルがどのディレクトリからコマンドを実行するかを指定する変数です。PATHには、ディストリビューションによって、あらかじめ適切なディレクトリが設定されています。

　コマンドやプログラムを実行する際に、それらが保存されている場所をいちいち指定するのは面倒です。そこで、シェル変数PATHにコマンドやプログラムがあるディレクトリを記述しておくことで、よく使われるコマンドなどを、どこのカレントディレクトリからでも実行できるようにしているのです。

　PATHのなかみはechoコマンド（第7章の『38』参照）で確認できます。

　PATHは、絶対パスを：（コロン）でつないで設定しますが、もし、シェル変数PATHに新しいディレクトリを追加するのであれば、次のように、ディレクトリを追加して再設定する方法が実用的です。

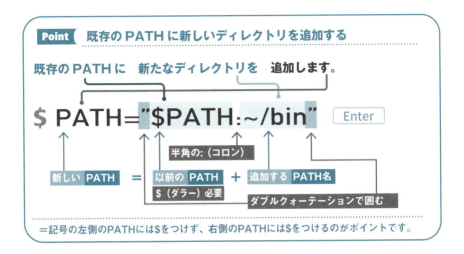

35-4 使用する言語の設定は変数LANGで

　Linuxは、世界中のユーザーから使われているため、英語や日本語などたくさんの言語をサポートしていて、しかも簡単に切り替えることができます。これを実現しているのが**ロケール**です。ロケールには、国や使う言葉、文字コードや通貨単位、日付の使い方などの情報が入っています。

　使用中のロケールを確認するには、シェル変数 LANG で確認します。

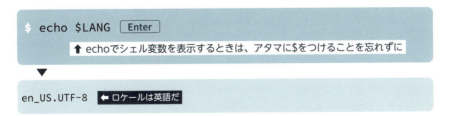

　もし、bashのメッセージが日本語で表示されないなら、変数 LANG を使って設定し直します。

　設定はすぐに反映されます。英語表示に戻す場合は、「LANG=en_US.UTF-8」を実行します。

> ⚠️ 注意
>
> **本書の学習環境と日本語表示**
> 本書の学習環境には日本語環境がインストールされていません。このため、「LANG=ja_JP.UTF-8」の設定を行っても日本語表示にはなりません。

36 シェル変数のしくみと動作

第6章 シェルの便利な機能を使おう

シェル変数だけでなく、環境変数も使って Linux 環境を整備していきましょう。

36-1 組み込みコマンドと外部コマンド

Linux のコマンドには、大きく分けて、組み込みコマンドと外部コマンドがあります。

組み込みコマンドの一覧を表示するには help コマンドを使います。

```
$ help Enter
```

組み込みコマンドか外部コマンドかを確認するには、type コマンドを使います。type コマンドを実行すると、外部コマンドの場合は、その実行ファイルのパスが表示されます。

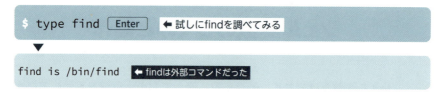

組み込みコマンドの場合は、たとえば **cd** コマンドであれば「cd is a shell builtin」と表示されます。

```
$ type cd Enter
```
▼
```
cd is a shell builtin
```

36-2 シェル変数と環境変数

シェル変数（正しくはその値）は、別のシェルを起動したり、アプリケーションのコマンドから見たりすることができません。このような場合、環境変数に変数を設定しておくと、その値が見えるようになって便利です。

環境変数を設定するには **export** コマンドを使います。

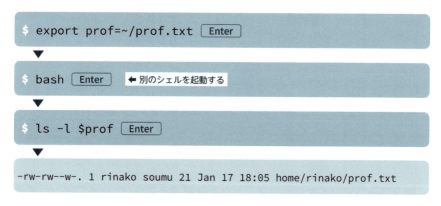

現在、どのような環境変数が設定されているかを確認するには、`printenv` コマンドを実行します。

```
$ printenv Enter
```

```
XDG_VTNR=1
XDG_SESSION_ID=1
HOSTNAME=localhost.localdomain
TERM=linux
SHELL=/bin/bash
HISTSIZE=1000
USER=rinako
〜略〜
MAIL=/var/spool/mail/rinako
PATH=/usr/local/bin:/bin:/usr/bin:/usr/local/sbin:/usr/sbin:/home/rinako/.local/bin:/home/rinako/bin
PWD=/home/rinako
LANG=en_US.UTF-8
HISTCONTROL=ignoredups
SHLVL=1
XDG_SEAT=seat0
HOME=/home/rinako
LOGNAME=rinako
LESSOPEN=||/usr/bin/lesspipe.sh %s
XDG_RUNTIME_DIR=/run/user/1000
_=/bin/printenv
```

↑ あらかじめ設定してある環境変数はたくさんある。すべては表示しきれないので、一部を表示した

36-3 bashのオプション

　コマンドにオプションがあるように、bashにもオプションがあります。bashのオプションは **set** コマンドを使って設定します。

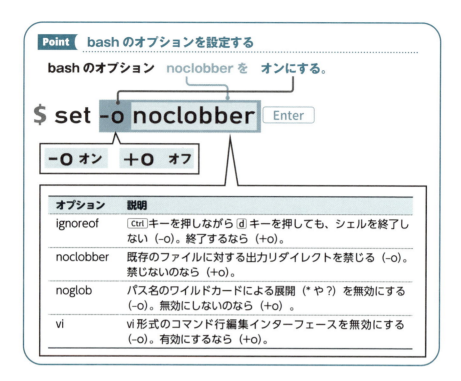

shoptコマンドを使って、bashのオプションを設定することもできます。たとえば「shopt –s autocd」を実行すると、プロンプトから（カレントディレクトリ内の）ディレクトリ名を入力すれば、自動的にそのディレクトリに移動するようになります。この機能を解除するには、「shopt –u autocd」を実行します。

37 いつでも好きな設定を使えるようにする（環境設定ファイル）

第6章 シェルの便利な機能を使おう

せっかく自分好みの環境をつくっても、bash が終了するとすべての設定が消えてなくなります。いつログインしても、快適な環境を使えるようにするには、bash の設定ファイルをつくる必要があります。

37-1 bash の設定ファイルをつくる

いままで変数は、プロンプトからその都度、設定していました。実は、変数をまとめて書いてファイルに保存しておけば、ログイン時にすべて自動的に実行してくれます。

```
# .bashrc

# Source global definitions
if [ -f /etc/bashrc ]; then
        . /etc/bashrc
fi

# Uncomment the following line if you don't like systemctl's auto-paging feature:
# export SYSTEMD_PAGER=

# User specific aliases and functions
```

これが、CentOS で（一般ユーザー向けに）あらかじめ用意されている .bashrc ファイルのなかみです。

自分好みの環境を設定するには、このファイルを編集します。

37-2 .bashrc を編集する前に必ずすること

この .bashrc ファイルを編集するにあたっては、その都度、万が一に備えてバックアップファイルをつくっておくようにしましょう。

```
$ ls -a ~/.bashrc Enter    ← .bashrcがあるかどうか確認する。-aは必須
  ▼
/home/rinako/.bashrc    ← .bashrcがあった
  ▼
$ cp ~/.bashrc ~/.bashrc.org Enter
↑ ファイル名を「.bashrc.org」として、オリジナルを保存する
  ▼
$ vi ~/.bashrc Enter    ← viエディターで開いて、自分好みの設定を書き加える
```

追加したい設定は「# User specific aliases and functions」の次の行以降に記述します。

よく使う環境変数などの設定に加え、たとえば、次のような設定を追加しておくと便利です。

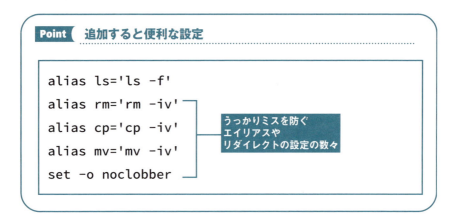

Point　追加すると便利な設定

```
alias ls='ls -f'
alias rm='rm -iv'
alias cp='cp -iv'
alias mv='mv -iv'
set -o noclobber
```

うっかりミスを防ぐ
エイリアスや
リダイレクトの設定の数々

問題 1

ユーザーのリクエストを受けつけて Linux システムに伝えたり、システムメッセージを表示するプログラムは何ですか？

ⓐ メッセンジャー
ⓑ シェル
ⓒ パイプ
ⓓ インタープリタ

問題 2

拡張子が "txt" であるすべてのファイルを表示したい場合は、どのようなワイルドカードを指定しますか？

ⓐ ls *.txt
ⓑ ls !.txt
ⓒ ls ?.txt
ⓓ ls $.txt

問題 3

コマンドラインからファイル名を入力するときに、最初の数文字を入力し、残りを自動的に補完したいとき、どのキーを押しますか？

ⓐ Esc キー
ⓑ Space キー
ⓒ Ctrl キー
ⓓ Tab キー

問題 4

コマンド入力時に上下の矢印キーを押して、以前に使ったコマンドを呼び出す機能を何と呼びますか？

ⓐ システムコール
ⓑ ドライバー
ⓒ スクリプト
ⓓ ヒストリー

問題 5

シェルの設定情報をもたせておく場所を何と呼びますか？

問題 6

現在英語モードになっている Linux システムで日本語を扱いたい場合には、どのような環境変数を定義すればいいでしょう？

解答

問題 1 解答

正解はⓑのシェル。

ユーザーと Linux（カーネル）のあいだをとりもつのがシェルです。Linux では標準のシェルとして bash（バッシュ）が用意されていますが、他のシェルを利用することも可能です。

問題 2 解答

正解はⓐの ls *.txt。

*（アスタリスク）は、長さや種類を問わず、任意の文字列を意味する Linux のワイルドカードです。ファイル名を探すときだけでなく、さまざまなテキスト処理ツールで任意の文字列を検索するときなどにも使える、便利な機能です。

問題 3 解答

正解はⓓの Tab キー。

ファイル名が思い出せないときや、ファイル名が長くて入力するのが面倒なときなどに補完機能を使うと便利です。大文字と小文字は区別されるので注意しましょう。

問題 4 解答

正解はⓓのヒストリー（履歴）機能。

同じコマンドを繰り返し入力する場合に、ヒストリー機能を使えば、入力の手間が省けます。

問題 5 解答

正解はシェル変数。

シェル変数のことは、シェルの設定情報をもたせておく場所と理解するとよいでしょう。このうち、外部からも参照できるものが環境変数です。たとえば他のプログラムの動作時に参照されます。

問題 6 解答

正解は環境変数 LANG。

プロンプトから「LANG=ja_JP.UTF-8」を実行します。ただし、日本語環境がインストールされていないと、この設定を実行しても、日本語表示にはなりません。

第7章 使いこなすと便利なワザ

- **38** 便利なコマンドを使う①
  （echo、wc、sort、head、tail、grep）
- **39** 便利なコマンドを使う②（find）
- **40** 標準入力と標準出力を変更する（リダイレクト）
- **41** パイプ機能を使ってさらに効率化する
- **42** 正規表現の第一歩
- **43** シンボリックリンク
- **44** アーカイブ・圧縮（gzip・tar）

38 便利なコマンドを使う①（echo、wc、sort、head、tail、grep）

第7章 使いこなすと便利なワザ

Linuxでメジャーなコマンドを紹介していきましょう。ここではecho、wc、sort、head、tail、grepの6つのコマンドを扱います。

38-1 文字を表示する

echo コマンド は、引数で指定した文字を画面に表示します。さっそく「Hello」と表示してみましょう。

シェル変数（第6章の『35-3』参照）のなかみも、echo コマンドで確認できます。

```
$ echo $PATH Enter
```
↑ 変数PATHの値を表示する
▼
```
/usr/local/bin:/bin:/usr/bin:/usr/local/sbin:/usr/sbin:/home/rinako/.local/bin:/home/rinako/bin
```

　本章ではこれ以降、/home/rinako/doc/chap7 をカレントディレクトリとして作業しています。あらかじめ、**cd** コマンドで移動しておきましょう。

```
$ cd ~/doc/chap7 Enter
```
↑ ~はホームディレクトリをあらわす

38-2 文字数や行数を数える

　wc コマンドは、ファイルの行数・単語数・バイト数を数えるコマンドです。

　wc コマンドは、パイプ機能（本章の『41』参照）といっしょに、よく使われます。

38-3 ファイルのなかみを並べ替える

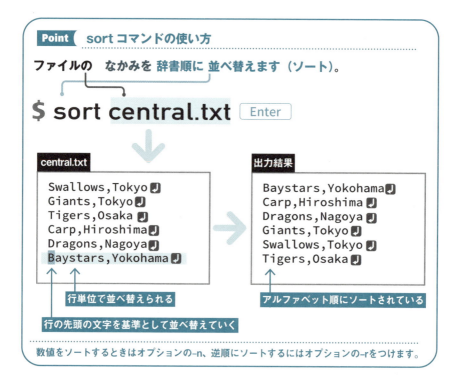

　sortコマンドは、行単位でテキストを並べ替えます。これを**ソート**と呼ぶこともあります。並べ替えは、辞書順（アルファベット順）になりますが、オプションの -r をつけると、逆順に並べ替えます。

```
$ sort -r central.txt [Enter]   ← オプションの-rを使う
▼
Tigers,Osaka
Swallows,Tokyo
Giants,Tokyo
Dragons,Nagoya
Carp,Hiroshima
Baystars,Yokohama   ← 逆順に並べ替えられた
```

　数値データを並べ替えるには注意が必要です。先頭の数字の昇順ではなく、文字どおりその数値の大きさの昇順 (小数や負の値を含む) に並べ替えるには、オプションの -n を使います。

```
$ cat suuji.txt [Enter]   ← ファイルのなかみを確認
▼
1000
50
200    ← 数字だけ
▼
$ sort suuji.txt [Enter]   ← オプションなしで並べ替える
▼
1000
200
50     ← 各行の先頭の数字を基準に並べ替えられる
▼
$ sort -n suuji.txt [Enter]   ← オプションの-nを使って、並べ替える
▼
50
200
1000   ← 今度は数値の大きさの順でソートされている
```

38-4 ファイルの先頭・末尾の10行を表示する

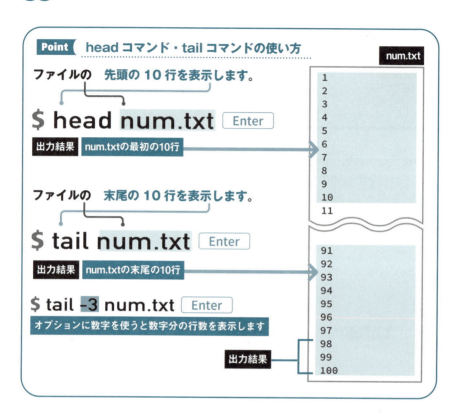

head コマンドは、デフォルトでファイルの先頭にある 10 行を表示します。tail コマンドは、デフォルトで末尾にある 10 行を表示します。オプションに数字を指定すると、その数字の行数分、表示できます。

```
$ head -2 num.txt Enter
```
↑ オプションを使って最初の2行だけ表示
▼

```
1
2
```
←最初の2行だけが表示された

38-5 ファイルからキーワードのある行を抜き出す

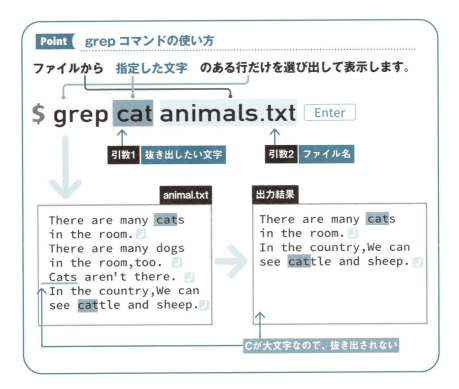

grep コマンドは指定したファイルのなかから検索対象の文字列を探し出し、その文字列を含む行を表示します。のちほど、正規表現（本章の『42』参照）を使える grep である **egrep** コマンドの使い方も簡単に説明します。

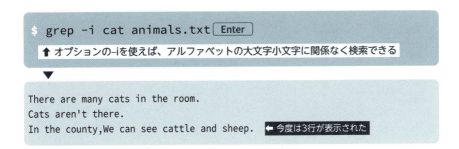

第7章 使いこなすと便利なワザ

39 便利なコマンドを使う② (find)

find は、ファイル名や作成時刻から適合するファイルを見つけ出すコマンドです。細かく設定できますが、オプションの設定は複雑です。

39-1 ディレクトリの下にあるファイルを検索する

　find コマンドを使ってファイル名で検索するときは、検索条件に -name オプションを使い、半角スペースの次にファイル名をつけます。find コマンドには、「アクション」（処理動作のこと）のオプションもあります。アクションの指定は必須ではありません。たとえば、アクションに指定する -print オプションは、見つかったファイルのパス名を表示するものです。

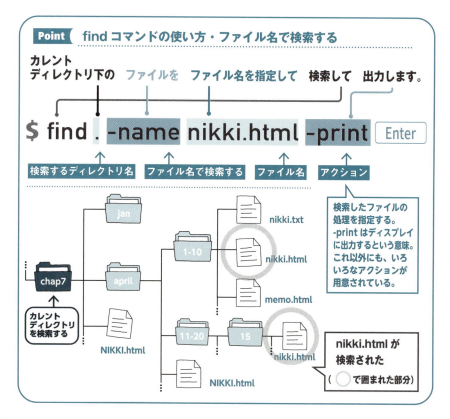

```
$ find . -name nikki.html -print [Enter]
```
▼
```
./april/1-10/nikki.html     ← 出力結果が表示される
./april/11-20/15/nikki.html
```

ここではカレントディレクトリをあらわす「.」を使いましたが、相対パスや絶対パスでも指定できます。

また、次のように検索対象のディレクトリを複数指定することもできます。

```
$ find ~/doc/chap6 . -name nikki.html -print [Enter]
```
↑ 検索対象ディレクトリは複数指定することも可能

```
$ find ~/doc/chap6 . -iname nikki.html -print [Enter]
```
↑ -inameは大文字・小文字にかかわらず検索。これならNIKKI.htmlも検索される

39-2 ワイルドカードを使って検索する

`find` コマンドは、ファイル名にワイルドカードを利用できます（第6章の『31』参照）。* や ? を駆使して、さらに柔軟な検索が可能です。

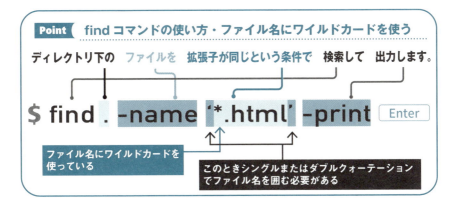

39-3 ディレクトリだけを検索する

findコマンドで -type オプションを使うと、ファイルの種類を指定して検索できます。

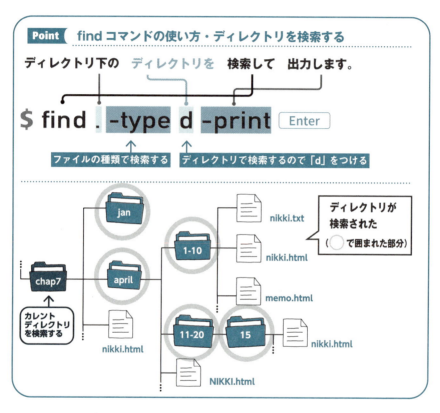

-empty オプションと併用すると、空のディレクトリを検索できます。次の例を実行すると、「jan」が検索されます。

```
$ find . -type d -empty -print Enter
```

▼

```
./jan
```

39-4 作成時刻から検索する

findコマンドは -mtime オプションを使って、作成時刻からもファイルを検索できます。ただし、日にちの数え方と数字の指定方法が複雑です。

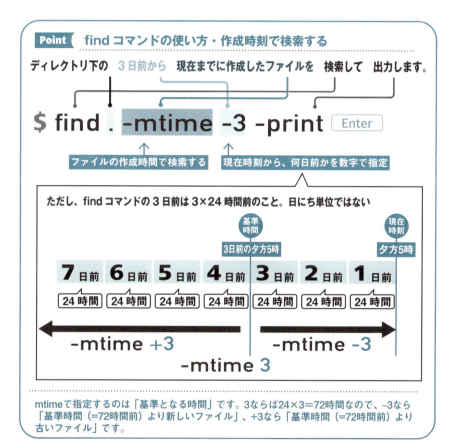

マメ知識

作成時刻・更新時刻・アクセス時刻

ファイルまたはディレクトリが作成された日時を作成時刻、更新された日時を更新時刻、最後にアクセスした日時をアクセス時刻といい、Linuxはこの3つを区別し、記録しています。

第7章 使いこなすと便利なワザ

40 標準入力と標準出力を変更する（リダイレクト）

シンプルLinuxでは、キーボードからコマンドを入力し、その結果はディスプレイに出力されますが、実はこれ、変更できるんです。

40-1 標準出力をファイルに変更する

キーボードから入力することを**標準入力**、ディスプレイに出力することを**標準出力**といいます。これは、わたしたちが当たり前のようにキーボードから文字を入力し、その結果をディスプレイに出力しているためにこう呼ばれています。この標準入力と標準出力は変更できます。

入出力を変更することを**リダイレクト**といいます。このリダイレクトには、> 記号を使います。それでは、出力結果をディスプレイに表示するのではなく、ファイルに保存してみましょう。

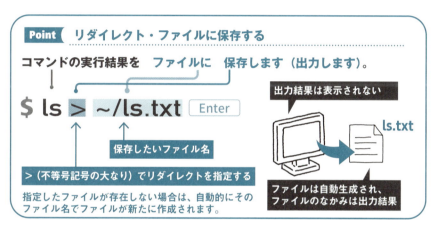

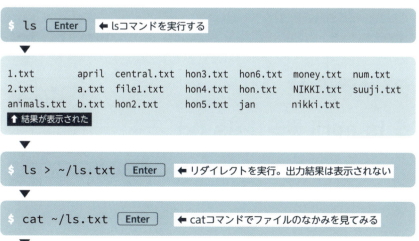

```
1.txt
2.txt
animals.txt
april
a.txt
b.txt
central.txt
file1.txt
hon2.txt
hon3.txt
hon4.txt
hon5.txt
hon6.txt
hon.txt
jan
money.txt
NIKKI.html
nikki.txt
num.txt
suuji.txt    ← ファイルのなかみはディスプレイに出力されたものと同じだ
```

40-2 標準出力をファイルに追加保存する

>(不等号記号)の代わりに >> を使うと、既存のファイルに追加保存します。

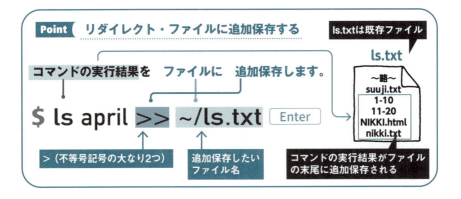

```
$ ls april Enter   ← lsコマンドでディレクトリaprilを見る
```
▼
```
1-10    11-20    NIKKI.html    nikki.txt   ← 結果が表示された
```
▼
```
$ ls april >> ~/ls.txt  Enter   ← 追加保存を実行
```
▼
```
$ cat ~/ls.txt  Enter   ← catコマンドでファイルのなかみを見てみる
```
▼
```
1.txt
2.txt
animals.txt
april
a.txt
b.txt
central.txt
file1.txt
hon2.txt
hon3.txt
hon4.txt
hon5.txt
hon6.txt
hon.txt
jan
money.txt
NIKKI.html
nikki.txt
num.txt
suuji.txt
1-10
11-20
NIKKI.html
nikki.txt   ← 末尾に出力結果が追加されている
```

40-3 標準入力をファイルに変更する

今度は、標準入力をキーボードからファイルに変更してみましょう。標準入力をリダイレクトするには、＜記号を使います。

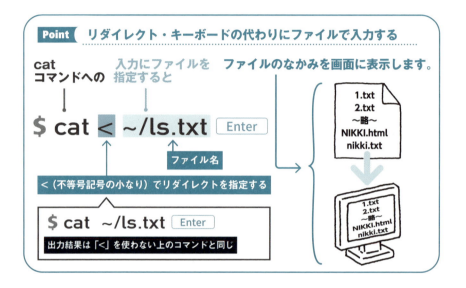

40-4 標準エラー出力

ミスタイプすると、ディスプレイに「No such file or directory」といったエラーメッセージが出力されます。Linux では、このエラーメッセージを通常の出力と区別しています。標準のエラー出力先であるディスプレイが、**標準エラー出力**になります。標準エラー出力は、＞の代わりに 2＞ を使えば、リダイレクトできます。

```
$ ls /abcdefg 2> ~/error.txt  Enter
```
↑ lsコマンドで実際にはないディレクトリにアクセスし、標準エラー出力を変更する

▼

```
$         ← あきらかにエラーなのだが、画面には何も表示されない
```

▼

```
$ cat ~/error.txt  Enter         ← catコマンドでファイルのなかみを見てみる
```

▼

```
ls: cannot access /abcdefg: No such file or directory
```
↑ ファイルにエラー出力が表示されている

マメ知識

標準入力と標準出力

Linuxに限りませんが、コマンドを使うシェルやOSでは、標準入力・標準出力という概念が採用されていることが多く、これを理解すると、コマンドの使い方が一気に拡がります。「標準」というと堅苦しいように感じるかもしれませんが、「放っておくと使われる入出力」といえばわかりやすいでしょうか。

たとえば、catコマンドはファイル名をつけて使うのが普通ですが、何もつけずに「cat」とだけ入力してみると、画面には何も表示されずに「入力待ち」の状態になります。これは標準入力からの入力を待っているからで、文字を打ち込んで Enter キーを押すと、その内容を画面に表示します(終了するには、 Ctrl + Z キーを押します)。これは、つまり標準出力に出力しているのです。

catコマンドに限らず、一般的なコマンドの多くは標準出力へ結果を出すようになっています。標準出力はディスプレイであることが多いので、我々はコマンドの操作結果を見ることができるわけです。

41 パイプ機能を使ってさらに効率化する

第7章 使いこなすと便利なワザ

リダイレクト（前節の『40』参照）を使えば、標準出力をディスプレイからファイルに変更できました。今度はパイプ機能を使って、出力結果を効率よく利用してみましょう。

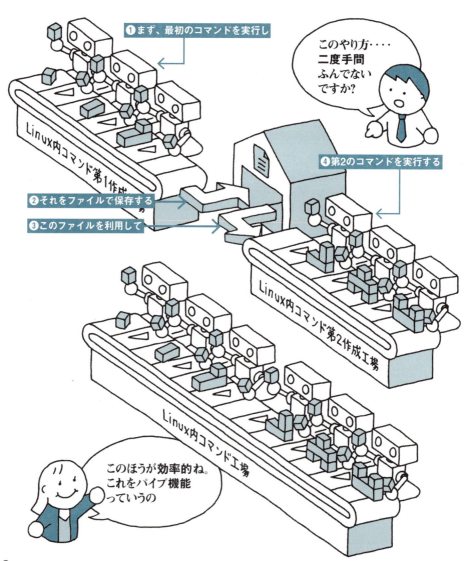

41-1 パイプ機能を使う

パイプ機能は、コマンドの標準出力を次のコマンドの標準入力へ渡します。まさに、コマンドからコマンドをつなぐパイプの役割を果たすのです。

パイプ機能を使うと、コマンドを 1 行で書くことができ、とても効率的です。リダイレクトで同じ仕事をするには、ファイルを作成したあとにもう一度同じファイルを使う必要があり、少々手間です。

パイプ機能でよく使われるのが、wc コマンド（『38-2』参照）との併用です。

```
$ grep cat animals.txt | wc  Enter
```

パイプは 1 つだけとは限りません。複数のパイプを組み合わせることもできます。

```
$ ls -l | cat -n | less  Enter
```
↑ パイプを2度利用する

42 正規表現の第一歩

第7章 使いこなすと便利なワザ

正規表現は、文字を検索・置換するときによく使われる機能です。ここでは、役に立ちそうな正規表現の機能を egrep コマンドを使って紹介していきます。

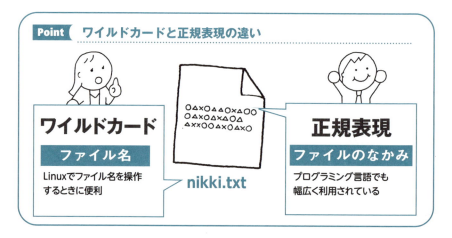

Point ワイルドカードと正規表現の違い

ワイルドカード
ファイル名
Linuxでファイル名を操作するときに便利

nikki.txt

正規表現
ファイルのなかみ
プログラミング言語でも幅広く利用されている

42-1 grep + 正規表現 = egrep を使う

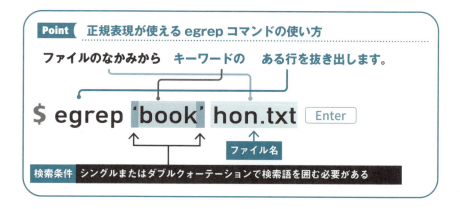

Point 正規表現が使える egrep コマンドの使い方

ファイルのなかみから　キーワードの　ある行を抜き出します。

$ egrep 'book' hon.txt [Enter]

↑ファイル名

検索条件　シングルまたはダブルクォーテーションで検索語を囲む必要がある

CentOSに標準装備されている **grep** コマンドは、残念ながら正規表現を扱えません。今回はgrepと同等の機能をもち、さらに正規表現が使える **egrep** コマンドを使って、メタキャラクタの使い方をマスターしていきましょう。

42-2 正規表現を使うにはメタ文字（メタキャラクタ）が必要

正規表現は、**メタキャラクタ（メタ文字）** と呼ばれる、特別な意味をもつ記号を使ってあらわします。

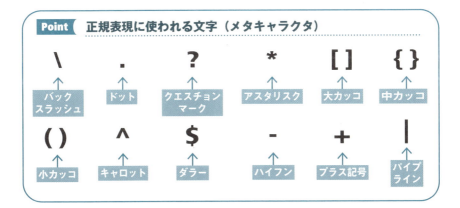

たとえば、メタキャラクタである．（ピリオド）は任意の1文字をあらわしますが（『42-4』参照）、正規表現として使うときは次のようにします。

```
$ egrep 'b..k' hon.txt Enter
```
↑ hon.txtから、最初がbで最後がkの4文字の文字列がある行を抜き出す

メタキャラクタを正規表現のために使うのではなく、たとえば「．」を本来の意味の「ピリオド」として使うときは、次のようにメタキャラクタの前に \ （バックスラッシュ）をつけます。

```
$ egrep '100\.5' money.txt Enter
```
↑ money.txtから「100.5」のある行を抜き出す

42-3 あるかないかをあらわす？（クエスチョンマーク）

メタキャラクタの？（クエスチョンマーク）は、前の1文字があるかないか、どちらかをあらわします。

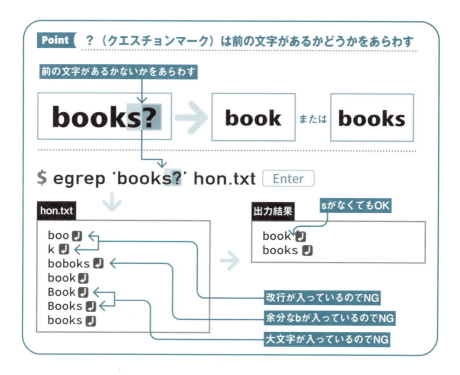

egrep コマンドも grep コマンド同様、オプションの -i（小文字）を使えば、大文字小文字を区別しません。

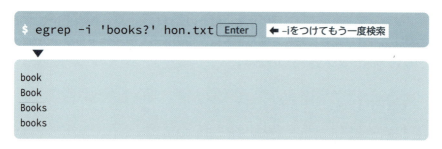

42-4 半角1文字を肩代わりする．（ドット）

任意の半角1文字を肩代わりするのが．（ドット）です。どのような1文字でもかまいません。ただし、改行は入りません。

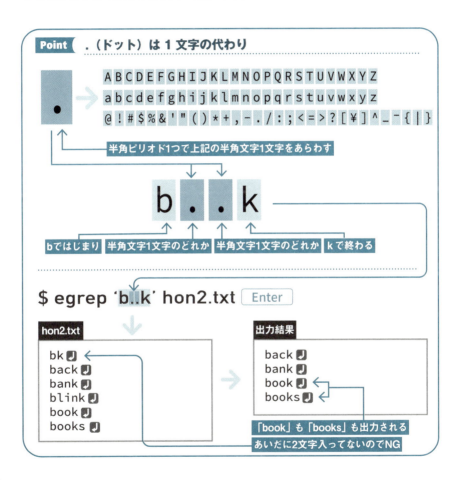

42-5 何文字でも OK の *（アスタリスク）

0個以上続く任意の半角文字を肩代わりするのが、*（アスタリスク）です。「0個」というところに注意してください。

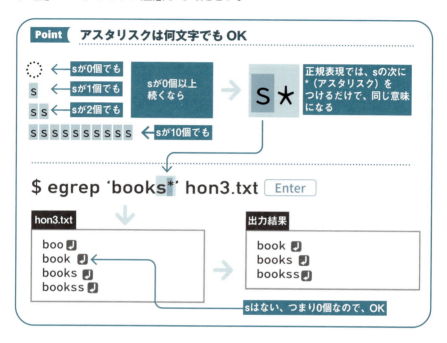

また、「b」で始まり「s」で終わる「3文字以上」の文字列を検索する場合は、次のコマンドを実行します。

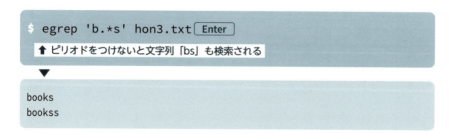

42-6 1文字の候補をまとめて指定する[ ]（大カッコ）

1文字の候補がたくさんあるなら、候補をまとめて書いて、[ ]（大カッコ）で囲みます。

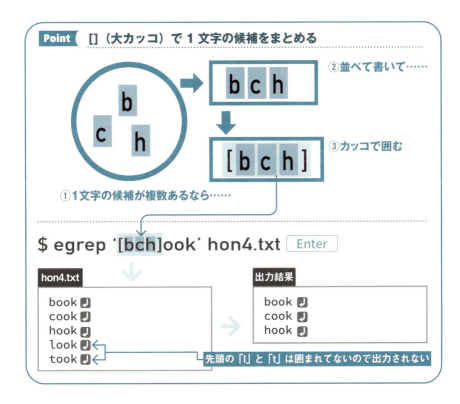

[ ]内の先頭に ^（キャロット）をつけると、否定の意味になります。次の例では、「bでもcでもhでもない」ということです。

```
$ egrep '[^bch]ook' hon4.txt  Enter
```
↑ 1文字めが、bでもcでもhでもなく、あとに「ook」が続く文字列のある行を探す
▼

```
look
took   ← 否定ではこの2つの行が出力された
```

42-7 1文字候補を省略して書く

1文字の候補は、いくつまとめてもかまいません。ただし、当たり前ですが、たくさん候補をまとめるほど、見づらくなります。そこでよく使うパターンには省略形が用意されています。

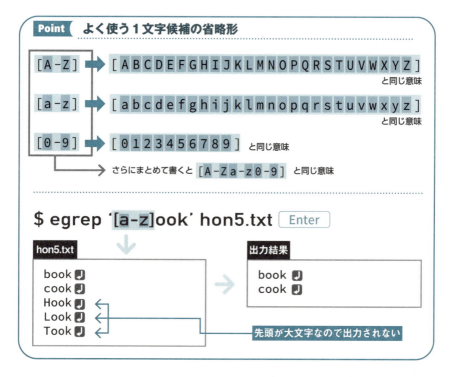

book
cook
Hook
Look
Took

42-8 単語候補をまとめて書く

最後に、単語の候補をまとめて書いてみましょう。候補の単語を｜（パイプライン）で区切って書いて、( )（小カッコ）で囲みます。

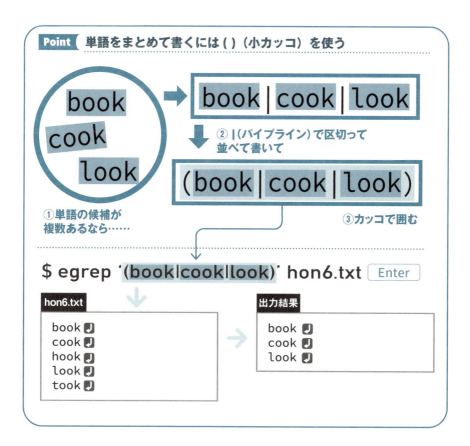

43 シンボリックリンク

第7章 使いこなすと便利なワザ

Windowsの「ショートカット」やmacOSの「エイリアス」のように、ファイルに別名をつける機能をLinuxではリンクといいます。

シンボリックリンクは分身の術です。

ファイルやディレクトリを操作するとき便利よぉ

43-1 ハードリンクとシンボリックリンク

　Linuxで扱うファイルには、すべて名前がついています。その名前ですが、実は、本名と別名の2つを使うことができ、ファイルの本名のことを**ハードリンク**、別名のことを**シンボリックリンク**と呼びます。

　このハードリンクとシンボリックリンクは ln コマンドを使っていくつでもつくることができます。本名も別名も複数もつことが可能なのです。

　そもそも、Linuxのファイルシステムは、**iノード**というファイルの情報を格納したもので管理されています。ハードリンクはこのiノードを複製するリンクで、ファイル自体は複製しません。いずれのiノードも示すのは同じファイルなので、ハードリンクのどれかを削除するとファイルを削除することになります。

　ただし、本名であるハードリンクを複数使うには、実はいろいろやっかいな制限があります。そのため、現実には、別名であるシンボリックリンクを複数使うことが多いようです。本書でもシンボリックリンクの作成方法を解説します。

43-2 シンボリックリンクをつくる

シンボリックリンクをつくるには、`ln` コマンドにオプションの `-s` をつけて実行します。

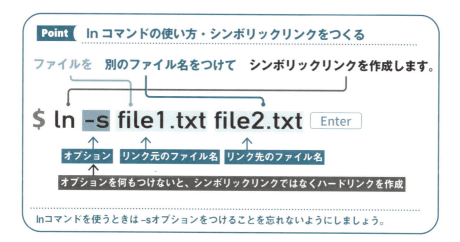

シンボリックリンクを使ううえで最も重要なことは、リンク元のファイルの名前を変更しないことです。ついやってしまいがちなので、気をつけましょう。

```
$ ls -F file2.txt Enter    ← オプションの-Fを使って、lsで表示
```
▼
```
file2.txt@    ← ファイル名の末尾にシンボリックリンクをあらわす@が追加されている
```

　シンボリックリンクは、Linuxのあらゆる場で活躍しています。Windowsでショートカットをつくると便利なシーンを想像してみてください。ファイルにアクセスしやすい、あるいは管理しやすいなどのメリットは、シンボリックリンクにもそっくりそのままあてはまるはずです。

43-3 シンボリックリンクのコピー・削除

　シンボリックリンクをコピーすると、リンク元のファイルがコピーされます。

```
$ cp file2.txt file3.txt  Enter
```
↑ シンボリックリンクfile2.txtをfile3.txtとしてコピーする

▼
```
$ ls -F file3.txt  Enter    ← file3.txtのファイルの種類を確認
```

```
file3.txt*    ← シンボリックリンクではない
```

　シンボリックリンクは、**rm**コマンドを使って削除します。シンボリックリンクを削除しても、リンク元のファイルには何も影響しません。

```
$ rm file2.txt  Enter    ← シンボリックリンクを削除する
```
▼
```
$ ls file1.txt  Enter    ← リンク元のファイルがあるか確認
```

```
file1.txt    ← リンク元のファイルがあった
```

43-4 iノードと残数の確認方法

わたしたちはファイル名をつけることでファイルを認識していますが、カーネルは、単純にファイルに番号をつけて区別しています。この番号のことを**iノード**（番号）といいます。

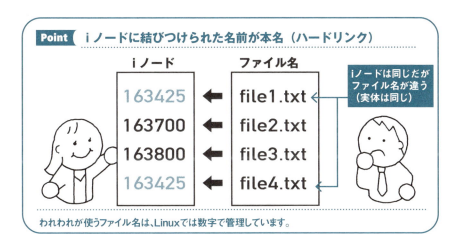

Linuxではディスクに空き容量があっても、iノードの割り当て最大数を超えると、ファイル（ディレクトリやシンボリックリンクを含む）が作成できなくなります。その数を確認するには、`df`コマンドをオプションの`-i`をつけて実行します。

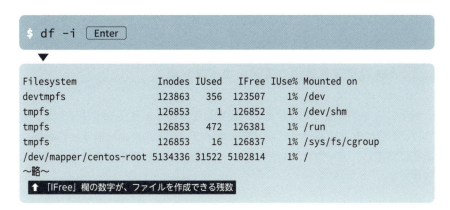

44 アーカイブ・圧縮（gzip・tar）

第7章 使いこなすと便利なワザ

Windows でも macOS でも、圧縮といえば zip ファイルが定番です。それでは、Linux の圧縮のしくみはどうなっているのでしょうか？

44-1 アーカイブと圧縮は違う

ファイルやフォルダをまとめて 1 つのファイルにすることを、**アーカイブ**するといいます。一方、ファイルのサイズを小さくすることを、**圧縮**するといいます。Linux ではアーカイブの代表的なコマンドは `tar`、圧縮の代表的なコマンドは `gzip` です。

Linux ではアーカイブと圧縮は分けて考えるのがふつうです。Windows や macOS で使われる zip は、アーカイブと圧縮を同時に実行します。

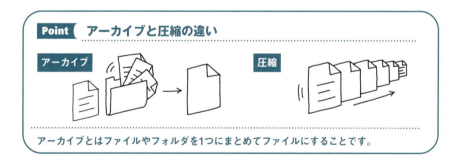

Point　アーカイブと圧縮の違い

アーカイブとはファイルやフォルダを1つにまとめてファイルにすることです。

44-2 tar コマンドを使ってアーカイブする

`tar` コマンドを使ってファイルを圧縮してみましょう。`-cf` オプションをつけ、1 つにまとめるファイル（アーカイブファイルといいます）の名前を最初に指定し、アーカイブしたいファイル名やディレクトリ名はそのあとに書きます。

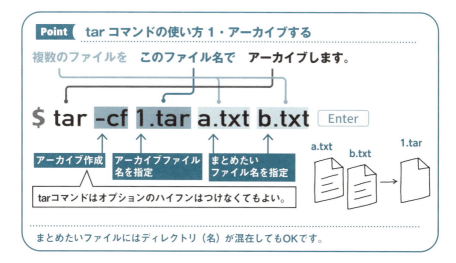

アーカイブファイルのなかみを見るには、tar コマンドに -tf オプションをつけて実行します。

```
$ tar -tf 1.tar  Enter
↑ オプションの–tfの次にアーカイブファイル名を指定する
▼
a.txt
b.txt  ← アーカイブのなかみを確認できる
```

作成したアーカイブファイルにさらにファイルを追加するには、-rf オプションをつけて次のように実行します。

```
$ tar -rf 1.tar 1.txt  Enter
↑ オプションの–rfの次にアーカイブファイルを指定する
```

tar コマンドは、ファイルのパーミッションやタイムスタンプなどのファイル属性もそのままアーカイブするので、バックアップに最適です。

44-3 tarコマンドで展開する

アーカイブしたファイルを元のファイルに戻すことを**展開**するといいます。展開にも tar コマンドを使います。

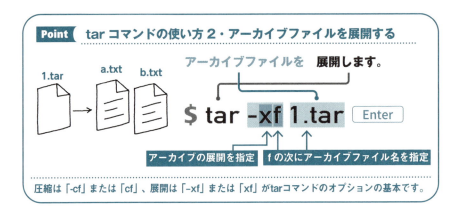

44-4 gzipコマンドで圧縮する

`gzip` コマンドはファイルを圧縮・展開するためのコマンドです。-d オプションで展開できます。

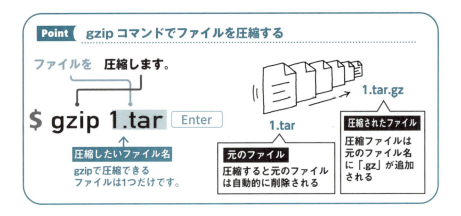

44-5 tarコマンドとgzipコマンドを組み合わせる

tarコマンドのオプションの-zを利用すれば、アーカイブと圧縮を同時に実行できます。

tarコマンドのオプションの-zで圧縮したアーカイブファイルは、次のようにすれば展開できます。

```
$ tar -xzf 2.tar.gz Enter
  ↑ .gzファイルを展開するにはオプションのzを追加する
```

第7章 練習問題

問題 1

ファイル名やディレクトリ名を検索したいときに使うコマンドはどれですか？

ⓐ cat コマンド
ⓑ echo コマンド
ⓒ find コマンド
ⓓ grep コマンド

問題 2

すでにあるファイル abc.txt の末尾に別のファイル xyz.txt を追加したい場合、コマンドラインからどのように入力するとよいですか？

問題 3

テキストファイル abc.txt のなかみを逆アルファベット順に並べ替えたい場合、コマンドラインからどのように入力するとよいですか？

問題 4

テキストファイル xyz.txt のなかから、dog または dogs というキーワードを抽出するには、コマンドラインからどのように入力しますか？

問題 5

カレントディレクトリ内にあるすべてのテキストファイル（拡張子が .txt）を mytxt.tar という 1 つのファイルにアーカイブするには、コマンドラインからどのように入力するとよいですか？

解答

問題 1 解答

正解はⓒの find コマンド。

ファイル名や文字列から、ファイルやディレクトリを探し出すことができます。

問題 2 解答

正解は cat xyz.txt >> abc.txt

あるファイル abc.txt に別のファイル xyz.txt の内容を追加したい場合は、cat xyz.txt >> abc.txt とします。不等号の大きいほうから小さなほうへ、ファイルの末尾に追加できます。このとき不等号が 1 つだけだと abc.txt の内容は xyz.txt の内容に書き換えられてしまうので、注意が必要です。

問題 3 解答

正解は sort –r abc.txt

ファイルの並べ替えには、sort コマンドを使います。通常は昇順（A から Z、1 から 9）でソート（並べ替え）されますが、sort –r abc.txt とすると、降順（Z から A、9 から 1）でソートされます。

問題 4 解答

正解は egrep 'dogs?' xyz.txt。

テキストファイルから正規表現で文字列を取り出すには egrep コマンドを使います。あるかないかをあらわすメタキャラクタ ? を使って、dog と dogs を表現できます。

問題 5 解答

正解は tar –cf mytxt.tar *.txt。

複数のファイルをまとめてアーカイブするには、tar コマンドを使います。またすべてのテキストファイルを選ぶにはワイルドカードを使って *.txt と指定します。

第8章 ソフトウェアとパッケージのきほん

45 RPM パッケージと rpm コマンド
46 パッケージを yum コマンドで管理する（CentOS）

45 RPMパッケージとrpmコマンド

第8章 ソフトウェアとパッケージのきほん

Linuxでコマンドをインストールするには、パッケージを利用するのが簡単です。ここでは、パッケージについて見てみましょう。

45-1 本格的なインストールは敷居の高い作業

最初に、Linuxの正攻法のインストールの方法を説明します。これは、Linuxにソースコード（プログラム）からコマンドをインストールするのですが、ビギナーにはひじょうに敷居が高い作業です。

プログラムのソースコードをまとめたファイル（アーカイブファイル）を、配布先から「ダウンロード」して「展開」し、「configure」「make」「install」という作業をしていきます。configureでMakefileという設定ファイルを作成し、それを使ってmakeでコンパイル、installはその名のとおりインストールを実行する作業です。

　また、たとえば、Webプログラミング言語であるPHPをインストールする場合、WebサーバーソフトApacheと「依存関係」にあるので、Apacheもインストールずみでなければなりません。拡張機能の「ライブラリ」なども同様です。

　さらには、コンパイル時の「オプション」の指定も案外複雑で、ついうっかりまちがえてやり直しになることも多いものなのです。

45-2 RPMパッケージを利用したインストール

　簡単にインストールできるように、必要なファイルをひとまとめにして利用できるようにしたものが**パッケージ**です。

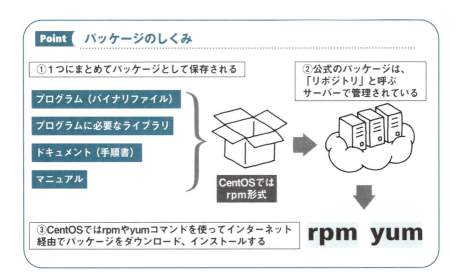

また、**RPM**（RPM Package Manager）パッケージとは、Red Hat 系ディストリビューションでのパッケージ（ソフトウェア）を管理するためのしくみで、rpm コマンドで扱うことができます。

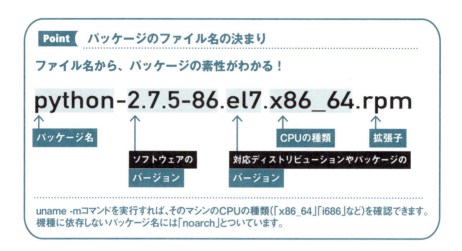

45-3 すべてのパッケージを一覧表示する

　rpm コマンドにオプションの -qa をつけて実行すると、インストールずみのすべてのパッケージを一覧表示します。root の権限は必要ありません。

```
$ rpm -qa Enter
```

```
～略～
ebtables-2.0.10-16.el7.x86_64
teamd-1.27-9.el7.x86_64
plymouth-0.8.9-0.32.20140113.el7.centos.x86_64
```
↑ インストールずみのパッケージ名が次々と表示される

45-4 パッケージのくわしい情報を表示する

> **Point** rpm コマンドの使い方・パッケージのくわしい情報を表示
>
> **パッケージを くわしく表示します。**
>
> $ rpm -qi unzip-6.0-20.el7 [Enter]
>
> 引数 パッケージ名
>
> 引数で指定したパッケージのくわしい情報を表示する

rpm コマンドにオプションの -qi をつけて実行すると、パッケージに関するくわしい情報を表示します。これも root の権限は必要ありません。

```
$ rpm -qi unzip-6.0-20.el7 [Enter]
```
▼
```
Name        : unzip
Version     : 6.0
Release     : 20.el7
Architecture: x86_64
Install Date: Sat 30 Nov 2019 01:36:00 AM JST
Group       : Applications/Archiving
Size        : 373994
License     : BSD
Signature   : RSA/SHA256, Fri 23 Aug 2019 06:44:59 AM JST, Key ID 24c6a8a7f4a80eb5
Source RPM  : unzip-6.0-20.el7.src.rpm
～略～
```
↑ パッケージに関するくわしい情報が表示される

46 パッケージを yum コマンドで管理する（CentOS）

第8章 ソフトウェアとパッケージのきほん

CentOSでは、rpmコマンドよりもっと高機能なyumコマンドを使ったほうが何かと便利です。なお、パッケージをインストールするにはroot権限が必要なことをお忘れなく。

46-1 yum コマンドでパッケージをインストールする

　CentOS では rpm コマンドで RPM パッケージを扱うことは、あまりありません。yum コマンドを使って **YUM**（Yellowdog Updater, Modified）パッケージを利用することが圧倒的に多いのです。それは、

> yum コマンドは依存関係のあるコマンドを自動的にインストールする

からです。一方、rpm コマンドでは、依存関係は手動で解決しなければなりません。さらに、

> yum コマンドでは、パッケージ名だけでインストールできる

という利点があります。一方、rpm コマンドでは、インストールするパッケージ名をバージョンなども含めたフルネームで指定しなければなりません。

> **!注意**
>
> **パッケージ管理は yum コマンドで行うことに決める**
>
> パッケージをインストールする際、あるときは rpm コマンド、別のときは yum コマンドなどと、場当たり的に実行するコマンドを変えるのは混乱のもとです。インストールずみのパッケージが、それぞれ別々に管理されているからです。「yum コマンドでインストールできないパッケージに限って、rpm コマンドを利用する」というのがベストな選択です。

46-2 パッケージの一覧を表示する

yumコマンドの使い方を見ていきましょう。パッケージの一覧を表示するには、listコマンドを使います。–listのようにハイフンをつけるとエラーになります。

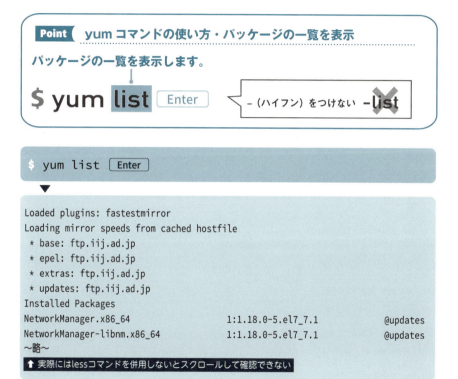

46-3 パッケージのアップデートを確認する

世界中のどこかで日夜、パッケージはアップデートされています。インターネットを使えば、常に最新のRPMを利用できます。それでは、どのパッケージがアップデートされているのか、確認してみましょう。それには、**check-update**コマンドを使います。

> **Point** yum コマンドの使い方・可能なアップデートを確認する
>
> 可能なアップデートを確認します。
>
> $ yum **check-update** [Enter]

マメ知識

アップデートとバージョンアップの違い

バージョンアップされたパッケージは、アップデートすることで利用できるようになります。しかし、必ずしも最新のバージョンにアップデートされるわけでもありません。アップデート情報は、リポジトリ(『45-2』参照)で管理されているからです。

$ yum check-update [Enter]　← アップデートできるものを表示する

▼

```
Loaded plugins: fastestmirror
Loading mirror speeds from cached hostfile
 * base: ftp.iij.ad.jp
 * epel: mirrors.tuna.tsinghua.edu.cn
 * extras: ftp.iij.ad.jp
 * updates: ftp.iij.ad.jp

ca-certificates.noarch          2019.2.32-76.el7_7          updates
curl.x86_64                     7.29.0-54.el7_7.1           updates
iproute.x86_64                  4.11.0-25.el7_7.2           updates
kernel.x86_64                   3.10.0-1062.9.1.el7         updates
kernel-devel.x86_64             3.10.0-1062.9.1.el7         updates
kernel-headers.x86_64           3.10.0-1062.9.1.el7         updates
kernel-tools.x86_64             3.10.0-1062.9.1.el7         updates
～略～
```
↑ アップデートできるパッケージが表示された

46-4 パッケージをまとめてアップデートする

アップデートの確認はできましたか？ 今度はアップデートが可能なすべてのパッケージを、まとめてアップデートしてみましょう。ただし、アップデートするには root 権限が必要です。

なお、すべてのアップデートを終えるには、時間がかかることがあります。

途中でアップデートを適用するかどうか確認してきます。ここでは、すべて [y] とタイプして、[Enter] キーを押してください。

何度も [y] をタイプするのが面倒ならば、オプションの -y をつけて実行してください。すべて yes として実行してくれます。

```
# yum -y update [Enter]
```
▼
```
~略~
Complete!    ← [y]をタイプすることなく処理が終了する！
```

💡 マメ知識

アップデートは定期的に

バージョンアップとは、不具合を修正したり、動作を最適化したり、あるいは機能を追加・拡張することを意味します。このため、アップデートを行わないでいると、何らかの障害や不便が発生しないとも限りません。

パッケージを個別にアップデートするには、yum update に続けて、アップデートしたいパッケージのファイル名を指定します。

```
# yum update python [Enter]
```
↑ パッケージ名のみで個別にアップデートできる

46-5 パッケージの情報を確認する

インストールしているパッケージ、あるいはこれからインストールしたいパッケージの情報を見るには、info コマンドを使います。

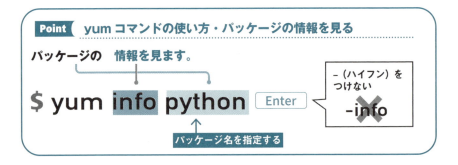

```
$ yum info python  [Enter]
```
▼

```
Loaded plugins: fastestmirror
Loading mirror speeds from cached hostfile
 * base: ftp.iij.ad.jp
 * epel: kartolo.sby.datautama.net.id
 * extras: ftp.iij.ad.jp
 * updates: ftp.iij.ad.jp
Installed Packages
Name        : python
Arch        : x86_64
Version     : 2.7.5
Release     : 86.el7
Size        : 79 k
Repo        : installed
From repo   : anaconda
Summary     : An interpreted, interactive, object-oriented programming language
URL         : http://www.python.org/
License     : Python
Description : Python is an interpreted, interactive, object-oriented programming
～略～
```

46-6 インストールしたいパッケージを検索する

パッケージ検索したいときは、**search** コマンドを使います。

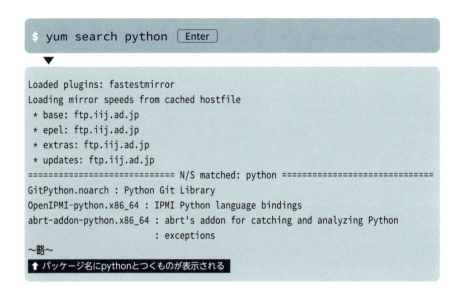

46-7 パッケージをインストールする

パッケージをインストールするには、`install` コマンドを利用します。インストールするには root 権限が必要です。

オプションの -y を使うと、「依存性」をもつパッケージのインストールの確認をすべて省略できます。キーボードから、その都度 [y] キーを押す必要がなくなります。

> **マメ知識**
>
> **パッケージ間の依存性とは？**
> Linux のプログラムは、他のプログラムやライブラリ（補助プログラム）のパッケージを必要とします。この関係を「依存性」といいます。yum コマンドでは、依存性をもつパッケージを先にインストールし、さらに、プログラムの動作に必要な初期設定（セットアップ）を同時に行ってくれます。

複数のパッケージ名をスペースで区切って指定すると、一度にまとめてインストールできます。

```
# yum -y install httpd ruby [Enter]
```

46-8 パッケージを削除する

パッケージを削除するには、remove コマンドもしくは erase コマンドを利用します。削除するには root 権限が必要です。

46-9 パッケージの全文検索

最後は、インストールしたいパッケージを全文検索する方法を紹介します。検索する方法には前出の search コマンドと search all コマンドがあり、search は通常の検索が、search all は説明文を含めた検索ができます。

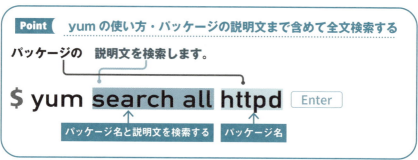

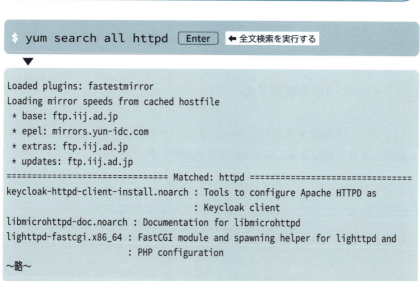

問題 1

インストールされている rpm パッケージを一覧表示するコマンドとオプションは、次のどれですか？

ⓐ rpm –i
ⓑ rpm –qa
ⓒ yum i
ⓓ yum –qa

問題 2

パッケージ xyz を yum コマンドからインストールするには、どのようなコマンドを使いますか？

問題 3

不要なパッケージ xyz を yum コマンドから削除するには、どのようなコマンドを使いますか？

解答

問題 1 解答

正解はⓑの rpm –qa。

–q オプションをつけて rpm コマンドを実行すると、パッケージの詳細情報を表示できます。

問題 2 解答

正解は yum install xyz。

すでにインストールしてあるパッケージを新しいバージョンに更新するには、yum update、またパッケージの情報を表示するには、yum info と入力します。
パッケージのインストールには rpm コマンドを使うこともできますが、依存関係のあるパッケージを自動的に探してインストールするなど、より高度な機能をもつため、基本的に yum コマンドを使うようにするとよいでしょう。

問題 3 解答

正解は yum remove xyz または yum erase xyz。

パッケージをインストールしたり削除したりするには、root 権限が必要です。

第9章 ファイルシステムのきほん

47 ファイルシステムは何をしている？
48 Linux のファイルシステム
49 ファイルシステムの使い方

47 ファイルシステムは何をしている?

第9章 ファイルシステムのきほん

ファイルシステムは OS に備わっている重要な機能の 1 つです。Linux にもファイルシステムが備わっています。奥が深いファイルシステムについて見ていきましょう。

47-1 ファイルシステムの仕事

ファイルとは、狭義ではコンピューターなどが扱えるデータやプログラムなどの「かたまり」のことです。ハードディスクにある画像や文書のデータ

もファイルですし、プログラムやアプリケーションと呼ばれるものもファイルです。このファイルを管理するためのシステムが**ファイルシステム**です。

広義には、ファイルシステムが取り扱うファイルはハードディスクのようなストレージにある必要はなく、ネットワーク上のファイルや、プリンタ、入力装置、出力装置などもファイルとして扱うことができます。

こうしたデバイス（装置）をファイルとして扱うことを、**デバイスファイル**といいます。デバイスファイルは、Linux では外付けのメディアやプリンタなどを操作する際に必要となります。

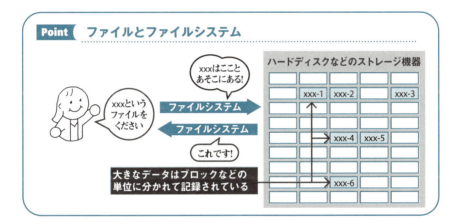

Point　ファイルとファイルシステム

47-2 ファイルを管理する方法

デバイスファイルのような特殊なファイルはひとまず置いておいて、ハードディスクのような記憶装置にあるデータやプログラムのファイルを操作する方法について説明しましょう。

Linux をはじめとする OS には、あらかじめファイルシステムが組み込まれています。Windows では NTFS や FAT、macOS では HFS、HFS ＋といったファイルシステムが有名です。Linux では、**ext**（extended file system）と呼ばれるファイルシステムが主に使われています。

ファイルシステムが提供するのは、ファイルやディレクトリ（フォルダ）をハードディスクのなかに作成、移動、コピー、削除するために、ファイルを適切に配置したり、ファイルを格納したり、ファイル名とファイルを関連づけたりする機能です。

　ファイルの作成や移動などの具体的な操作をファイルシステムに含む場合もありますが、これらは別途ツール（専用のプログラムやコマンド）で提供されることもあるので、ファイルシステムとは別と考えることもできます。ファイルシステムが違っても同じコマンドが使えるのはこのためです。

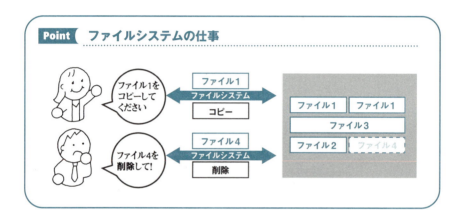

47-3 デバイスファイル

　Linux をはじめとするいくつかの OS では、ハードディスク上にあるようなファイル以外に、デバイス（機器）をファイルとして扱います。これを**デバイススペシャルファイル**、あるいは単に**デバイスファイル**といいます。

　デバイスファイルは特別なファイルです。Linux の場合、/dev 以下にまとめられています。

> デバイスファイルはデバイスを抽象化した特殊なファイルです。

```
crw-rw-rw-. 1 root    root       1,   3 Jan 23 10:53 null
crw-------. 1 root    root      10, 144 Jan 23 10:53 nvram
crw-------. 1 root    root       1,  12 Jan 23 10:53 oldmem
crw-r-----. 1 root    kmem       1,   4 Jan 23 10:53 port
crw-------. 1 root    root     108,   0 Jan 23 10:53 ppp
crw-rw-rw-. 1 root    tty        5,   2 Jan 23 10:53 ptmx
drwxr-xr-x. 2 root    root             0 Jan 23 10:53 pts
crw-rw-rw-. 1 root    root       1,   8 Jan 23 10:53 random
drwxr-xr-x. 2 root    root            60 Jan 23 10:53 raw
lrwxrwxrwx. 1 root    root             4 Jan 23 10:53 rtc -> rtc0
crw-------. 1 root    root     252,   0 Jan 23 10:53 rtc0
brw-rw----. 1 root    disk       8,   0 Jan 23 10:53 sda
brw-rw----. 1 root    disk       8,   1 Jan 23 10:53 sda1
brw-rw----. 1 root    disk       8,   2 Jan 23 10:53 sda2
crw-rw----+ 1 root    cdrom     21,   0 Jan 23 10:53 sg0
crw-rw----. 1 root    disk      21,   1 Jan 23 10:53 sg1
drwxrwxrwt. 2 root    root            40 Jan 23 10:53 shm
crw-------. 1 root    root      10, 231 Jan 23 10:53 snapshot
drwxr-xr-x. 3 root    root           180 Jan 23 10:53 snd
brw-rw----+ 1 root    cdrom     11,   0 Jan 23 10:53 sr0
lrwxrwxrwx. 1 root    root            15 Jan 23 10:53 stderr -> /proc/self/fd/2
lrwxrwxrwx. 1 root    root            15 Jan 23 10:53 stdin -> /proc/self/fd/0
lrwxrwxrwx. 1 root    root            15 Jan 23 10:53 stdout -> /proc/self/fd/1
crw-rw-rw-. 1 root    tty        5,   0 Jan 23 15:10 tty
crw--w----. 1 root    tty        4,   0 Jan 23 10:53 tty0
crw--w----. 1 rinako  tty        4,   1 Jan 23 15:17 tty1
crw--w----. 1 root    tty        4,  10 Jan 23 10:53 tty10
crw--w----. 1 root    tty        4,  11 Jan 23 10:53 tty11
crw--w----. 1 root    tty        4,  12 Jan 23 10:53 tty12
crw--w----. 1 root    tty        4,  13 Jan 23 10:53 tty13
crw--w----. 1 root    tty        4,  14 Jan 23 10:53 tty14
crw--w----. 1 root    tty        4,  15 Jan 23 10:53 tty15
crw--w----. 1 root    tty        4,  16 Jan 23 10:53 tty16
crw--w----. 1 root    tty        4,  17 Jan 23 10:53 tty17
crw--w----. 1 root    tty        4,  18 Jan 23 10:53 tty18
```

/dev 以下を表示させた例

　しかし、これらは実体があるわけではなく、情報などが書かれた小さなファイルです。上記のようにデバイスファイルの一覧を見ると、先頭に「b」あるいは「c」がついています。これらはbがブロックデバイスを、cがキャラクタデバイスを意味しています。ハードディスクなどの記憶装置は**ブロックデバイス**で、キーボードや画面表示装置などは**キャラクタデバイス**に分類されます。

　Linuxで、ユーザーがデバイスファイルを扱う必要があるのは、USBメモリーや光学ドライブ、あるいは外付けハードディスクなどを接続する場合です。

> ユーザーがデバイスファイルを使うのは外付けデバイスを使用するときなどです。

48 Linuxのファイルシステム

第9章 ファイルシステムのきほん

Linuxにおいて標準で使われているファイルシステムは**ext**です。ファイルシステムはファイルを操作するだけではなく、ディレクトリを構成したり、ファイルやディレクトリを操作したりする機能をもっています。

48-1 Linuxではext形式のファイルシステムが標準

ファイルシステムにもいろいろありますが、Linuxで使われているのは**ext**（extended file system）形式のファイルシステムです。extにはバージョンがいくつかあり、現在では**ext4**となっています。ただ、ext2やext3もかなり長いあいだ使われていたので、Linuxユーザーのあいだではポピュラーな形式です。extは「後方互換性」を確保したファイルシステムなので、ユーザーは最新のバージョンを使用していれば、ファイルシステムについて意識することはあまりないかと思います。

ファイルシステム	最大ボリュームサイズ	最大ファイルサイズ	備考
ext2	8TB	2TB	初期のLinuxより採用されていた
ext3	16TB	2TB	最も普及しているファイルシステム
ext4	1EB	16TB	16TBを越える規模のハードディスクに対応したファイルシステム

Linuxではext以外のファイルシステムで使われている規格も使用することができます。代表的なのは**FAT**（File Allocation Table）と呼ばれる、MS-DOSなどで使われていたファイルシステム用の規格です。FATはあまり大きな記憶装置には向いていないのですが、USBメモリーやSDカードなど、比較的小容量のメディアで使いやすい（いろいろなパソコンで扱える）ので、いまでも市販のUSBメモリーやSDカードはFAT系でフォーマットされていることが多いようです。ただし、こうしたメディアの容量も増大の一途をたどっているため、新しいexFATという規格に置き換わっています。

48-2 ディレクトリ構造とマウント

UNIX系のファイルシステムでは、ディレクトリ構造はルート（/）をその名の通り根元に置き、そこから分岐していくツリー構造を採用しています。このツリー構造は実際のディスク上の配置には関係なく、論理的なものです。

どういうことかというと、たとえば2つのハードディスクをもったサーバーがあり、1つめのHDD1はシステム用として、もう1つのHDD2はユーザーのデータ（/home以下）だけを収納するために使おうと決めます。この場合、「/homeにHDD2を割り当てる」という方法を取ります。これで、ユーザーは特にどちらのドライブにファイルが収納されているかを意識することなく、2台のドライブを使うことができるわけです。

つまり、Linuxのディレクトリ構造はハードウェアそのものとは切り離されているので、設定や拡張を柔軟に行うことができるのです。

このように、ディレクトリツリーにハードディスクなどのデバイスを結びつけることを**マウント**、外すことを**アンマウント**といいます。これは外付け機器などをLinuxで扱う際にも必要な知識ですので、必ず覚えるようにしましょう。

> **Point** ディレクトリツリー状のデバイス

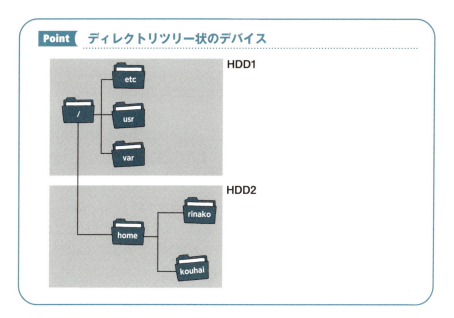

49 ファイルシステムの使い方

第9章 ファイルシステムのきほん

通常、ファイルシステムをユーザーが使用する場面はそんなにありません。ただし、管理者ユーザーであれば、ハードディスクの増設、交換などにファイルシステムの操作が必要になります。

49-1 パーティションを作成する

ハードディスクのような記憶装置は、いくつかの区画に分けて使用することができます。これを、**パーティション**といいます。

パーティションの作成には `fdisk` コマンドを使用します。`fdisk` コマンドは、対話的に処理が行われるシステムです。まず、ハードディスクを接続し、Linux を起動したら root でログインして、次のようにします。

```
# fdisk /dev/sdb Enter
```

```
Command (m for help): n
Command action
   e   extended
   p   primary partition (1-4)
p
Partition number (1-4):1
First cylinder (1-767) :1
Last cylinder or +size or +sizeM or +sizeK: 300
Command (m for help): t
Partition number (1-4):1
Hex code (type L to list codes) : 83   ← Linux領域に設定
Command (m for help): w   ← 情報を書き込んで終了する
```

この操作で1つのパーティションが sdb に作成され、/dev/sdb1 という名前で操作できるようになります。sdb とは Linux でハードディスクなどに割り当てられるデバイス名です。システムが認識した順番に sda から sdb、sdc と割り当てられていきます。

49-2 ファイルシステムを作成する

　ファイルシステムを作成するには、**mke2fs** コマンドを使用します。**mke2fs** コマンドの **-t** オプションのあとに ext2、ext3、ext4 などをつけることで、指定したファイルシステムが作成されます。

```
# mke2fs -t ext4 /dev/sdb1 Enter
```
▼
```
mke2fs 1.35 (28-Feb-2004)
Filesystem label=
OS type: Linux
Block size=4096 (log=2)
Fragment size=4096 (log=2)
～略～
```

　このようにすると、/dev/sdb1 が ext4 で利用できるようになります。

49-3 マウント、アンマウントする

　ハードディスクなどを Linux のマシンで使うには、**mount** コマンドを使って**マウント**という操作が必要です。たとえば、デバイス名が「sdb1」という名前のハードディスク（1 番めのパーティション）をマウントするには、

```
# mkdir /datadisk1 Enter
# mount /dev/sdb1 /datadisk1 Enter
```

のようにします。「/datadisk1」というのがユーザーがアクセスするときの場所で、これを**マウントポイント**といいます。マウントポイントは、**mkdir** コマンドであらかじめつくっておく必要があります（存在しないディレクトリにはマウントできません）。一時的に使用する光学ドライブや USB メモリーなどもマウントが必要です。

261

FATでフォーマットされたUSBメモリーやポータブルHDD/SSDなどをマウントするには、/mnt以下にusbmem1やusbhddのような名前でディレクトリを作成し、同様にマウントします。

```
# mkdir /mnt/usbmem1 Enter
# mount -t vfat /dev/sdf1 /mnt/usbmem1 Enter
```

> ⚠️ 注意
>
> **USBメモリー**
> USBメモリーがどのデバイスであるのかは、システムやディストリビューションによって違います。

アンマウントするには、**unmount**コマンドでマウントされているデバイスを指定するだけです。

```
# umount /mnt/usbmem1 Enter
```

49-4 fstabと自動マウント

システムとして使われるハードディスクや、CentOSのインストール時に存在する光学ドライブなどは、あらかじめ「/etc/fstab」というファイルにその情報が書き込まれていて、ここに記述されていると、起動するときに自動的にマウントされるようになっています。次のコマンドを実行すれば、現在のマウント状態を確認できます。

```
# cat /etc/fstab Enter
```

Linuxのシステムは、この/etc/fstabファイルを先頭から順に読み込んで処理します。そのため、読み込んでほしい順番に内容を記述します。

問題 1

Linux では記憶装置、ネットワーク、入出力機器といったインターフェースをどのようにして扱いますか？

ⓐ I/O 接続
ⓑ デバイスファイル
ⓒ デバイスドライバ
ⓓ 外部メモリ

問題 2

パーティション /dev/sdb1 をファイルシステム ext4 で使えるようにするには、どのようなコマンドで指定できますか？

問題 3

ファイルシステム FAT で作成された USB メモリが現在、/dev/sdf2 として識別されています。この USB メモリを /mnt/usbmem2 として Linux 上で使用するには、どのようなコマンドで設定できますか（コマンドは 2 種類必要です）？

解答

問題 1 解答

正解はⓑのデバイスファイル。

Linuxでは情報をファイルに読み書きするのと同じ流れで、外部の記憶装置や入出力機器と情報の読み込みや書き込みを行います。

問題 2 解答

正解は mke2fs –t ext4 /dev/sdb1。

オプションの –t ではファイルシステムの種類を指定します。何も指定しないと過去のLinuxとの互換性の高いext2ファイルシステムでファイルが作成されますが、この場合、最大ボリュームサイズが8TBになるので、将来の拡張を考えると、ext3やext4を使ったほうがよいでしょう。

問題 3 解答

正解は
mkdir /mnt/usbmem2
mount /dev/sdf2 /mnt/usbmem2

まず、mkdir /mnt/usbmem2 コマンドでターゲットとなるディレクトリを作成して、次に mount /dev/sdf2 /mnt/usbmem2 コマンドでファイルシステムをマウントします。Linuxシステム上で記憶装置を使用するには、記憶装置（パーティション）とディレクトリの位置を関連づける「マウント」と呼ばれる操作が必要になります。

第10章 プロセスとユニット、ジョブのきほん

50 プロセス、ユニットとは何か
51 ジョブを操作する

50 プロセス、ユニットとは何か

第10章 プロセスとユニット、ジョブのきほん

コマンドは、プログラムのデータがハードディスクからメモリーに読み込まれて、はじめて実行することができます。

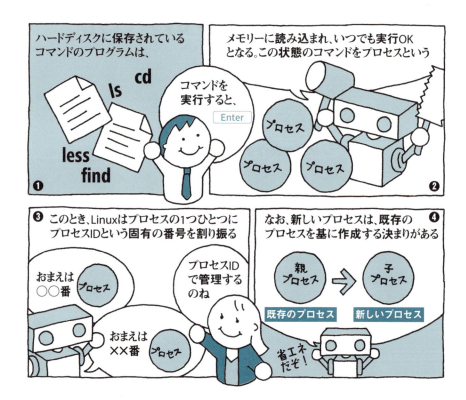

50-1 プロセスの定義

`ls` や `less` などのコマンドは、ふだんはハードディスクに実行ファイル（プログラム）として格納されて出番を待っています。出番が来ると、**カーネル**はコマンドのプログラムをメモリーに読み込み、それを CPU が処理していき

ます。コマンドは、メモリー上にあるときは、**プロセス**という呼び方に変わります。このプロセスを単位としてメモリーを確認・管理することで、Linuxが現在、どういう作業をしているかがわかるようになっています。

50-2 ps コマンドを使ってプロセスを見る

ps コマンドを使えば、実行中のプロセスの情報を一覧表示できます。

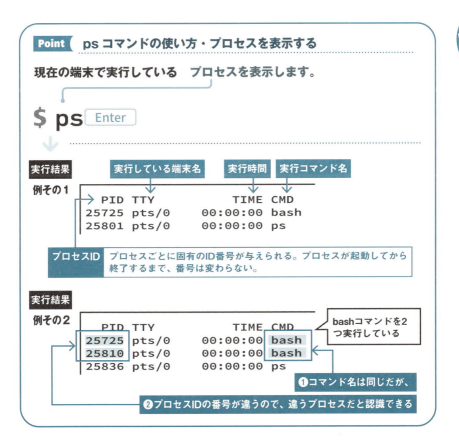

プロセス ID の数字は、1 つのプロセスが起動してから終了するまでまったく変わりません。ですから、このプロセス ID を使ってプロセスを操作することになります。

　また Linux では、ユーザーが実行しているプロセス以外にも、システムが実行しているコマンドなど、たくさんのプロセスが動いています。

```
$ ps -aux Enter    ← オプションの-auxを使う
▼
USER     PID %CPU %MEM    VSZ   RSS TTY      STAT START   TIME COMMAND
root       1  0.0  0.0  19232   620 ?        Ss   Aug26   0:00 /sbin/init
root       2  0.0  0.0      0     0 ?        S    Aug26   0:00 [kthreadd]
root       3  0.0  0.0      0     0 ?        S    Aug26   0:00 [migration/0]
root       4  0.0  0.0      0     0 ?        S    Aug26   0:01 [ksoftirqd/0]
root       5  0.0  0.0      0     0 ?        S    Aug26   0:00 [stopper/0]
root       6  0.0  0.0      0     0 ?        S    Aug26   0:16 [watchdog/0]
root       7  0.0  0.0      0     0 ?        S    Aug26   0:01 [migration/1]
～略～
```
↑すべてのプロセスが詳細表示される

50-3 プロセスの終了

　一般ユーザーにはその機会があまりなくても、管理者ユーザーの場合、プロセスを終了させなければならない場面に出会うものです。たとえば、プログラムに不具合があった場合などがそうです。処理が終了されずに無限ループに入ってしまうと、そのプログラムは「暴走」したとみなされます。そのプログラムを「強制終了」させるには、プロセスを終了させる以外に方法はありません。

　プロセスを終了させるには kill コマンドを使い、終了させたいプロセス番号を指定します。

　一般ユーザーの場合、終了できるプロセスは、自分が実行したプロセスだけで、他人のプロセスを終了させる権限はありません。管理者ユーザーだけがその権限を有します。

このため、管理者ユーザーは、プロセス終了の作業を慎重に行う必要があります。誤った操作で対象外のプロセスを終了させてしまうと、システムに障害が発生することもあるからです。

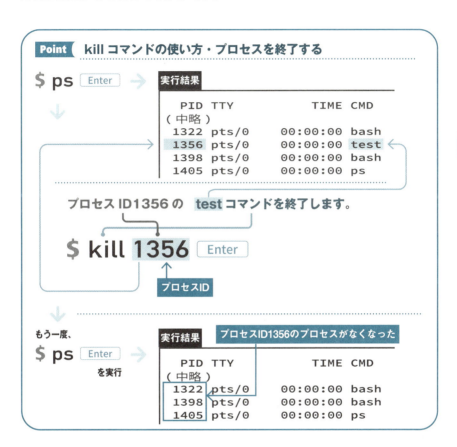

マメ知識

プロセスを一時停止させる場合

プロセスは、強制終了だけでなく、一時停止させることもできます。コマンドラインから「kill -s SIGSTOP 123」（123はプロセスID）を実行します。再開するには「kill -s SIGCONT 123」を実行します。

50-4 ユニットとサービス（デーモン）の管理

　プロセスと同様、一般ユーザーにはあまり関係ありませんが、Linux をサーバーとして使用する場合には、バックグラウンドで動くサービスあるいはデーモン、サーバーなどと呼ばれるソフトウェアの管理が必要になります。

　第 8 章でパッケージのインストールを紹介しましたが、インストールしたパッケージでサービス（デーモン）として動かしたり停止したりする必要のあるものを、管理者ユーザーが操作します。

　こうした操作も、すでに紹介した `systemctl` コマンドで行います。従来はいくつかのコマンドを使って操作していましたが、CentOS 7 以降で 1 つのコマンドに集約され、スマートに操作できるようになりました（従来のやり方が好きな人も多いようですが）。

　従来のやり方と新しいやり方を比較して、表にまとめておきます。

操作	CentOS 6 以前	CentOS 7 以降
起動	/etc/init.d/ サービス名 start	systemctl start ユニット名
終了	/etc/init.d/ サービス名 stop	systemctl stop ユニット名
強制終了	kill -9 プロセス ID	systemctl kill -s 9 ユニット名
再起動	/etc/init.d/ サービス名 restart	systemctl restart ユニット名
サービス（ユニット）一覧の表示	ls /etc/init.d	systemctl --type service

　ユニット（Unit）とは、CentOS 7 から導入された概念で、従来のサービスでは必要だった起動・終了処理のスクリプトなどが必要なくなり、より洗練された起動・終了処理が可能になりました。

　表の強制終了のところでプロセス ID が出て来ていますが、実はプロセスに関しても、`systemctl` コマンドの使用が推奨されています。たとえば強制終了するには、従来は `kill` コマンドを使って、

```
# kill -9 プロセスID
```

としていたものが、CentOS 7 以降では、

```
# systemctl kill -s 9 ユニット名
```

となりました。ユニット（サービス）もシステムとしてはプロセスで動作しているのでプロセス ID（番号）で指定してもプロセス名で指定しても同じことなのですが、ユニット名のほうがわかりやすいということでしょう。
　インストールされているユニットのユニット名を取得するには、次のようにします。

```
# systemctl -t service  Enter
```

▼

```
UNIT                    LOAD   ACTIVE SUB     DESCRIPTION
auditd.service          loaded active running Security Auditing
Service
chronyd.service         loaded active running NTP client/server
crond.service           loaded active running Command Scheduler
dbus.service            loaded active running D-Bus System Message Bus
firewalld.service       loaded active running firewalld - dynamic
firewall daemon
getty@tty1.service      loaded active running Getty on tty1
● kdump.service         loaded failed failed  Crash recovery kernel
arming
～略～
```

　このうち「UNIT」の下にあるのがユニット名なので、これを使って強制終了できます。ここでは、試しにファイアウォールのユニット（サービス）である「firewalld.service」を強制終了してみましょう。

```
# systemctl kill -s 9 firewalld.service  Enter
```

　再度、「systemctl -t service」を実行した結果を次に示します。

```
UNIT                         LOAD   ACTIVE SUB     DESCRIPTION
auditd.service               loaded active running Security Auditing
Service
chronyd.service              loaded active running NTP client/server
crond.service                loaded active running Command Scheduler
dbus.service                 loaded active running D-Bus System Message Bus
● firewalld.service          loaded failed failed  firewalld - dynamic
firewall daemon
getty@tty1.service           loaded active running Getty on tty1
● kdump.service              loaded failed failed  Crash recovery kernel
arming
〜略〜
```

firewalld.service というユニットが止まっているのがわかります。

ファイアウォールが止まったままだと不安なので、firewalld.service を再開しましょう。

```
# systemctl start firewalld.service
```

もう一度、「systemctl -t service」を実行した結果を示します。firewalld.service が動いているのを確認できます。

```
UNIT                         LOAD   ACTIVE SUB     DESCRIPTION
auditd.service               loaded active running Security Auditing
Service
chronyd.service              loaded active running NTP client/server
crond.service                loaded active running Command Scheduler
dbus.service                 loaded active running D-Bus System Message Bus
firewalld.service            loaded active running firewalld - dynamic
firewall daemon
getty@tty1.service           loaded active running Getty on tty1
● kdump.service              loaded failed failed  Crash recovery kernel
arming
〜略〜
```

51 ジョブを操作する

第10章 プロセスとユニット、ジョブのきほん

プロセスやユニットよりも、もっと身近な処理単位が「ジョブ」です。ここでは、仕事（ジョブ）を中断したり、再開したりする操作を覚えましょう。

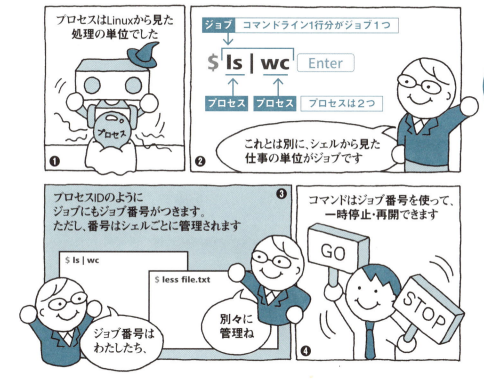

51-1 ジョブとは何か

プロセスとジョブの違いについて、まずは、「他人のプロセスは参照できても、他人のジョブは参照できない」と理解しましょう。もちろん自分の場合もこれは同様で、現在の手元のシェル環境以外（たとえば別の端末で接続した場合など）のジョブは参照できません。

51-2 ジョブを停止する

ジョブの「停止（中断）」と「終了（強制終了）」は異なります。停止は Ctrl + Z キー、終了は Ctrl + C キーを押します。

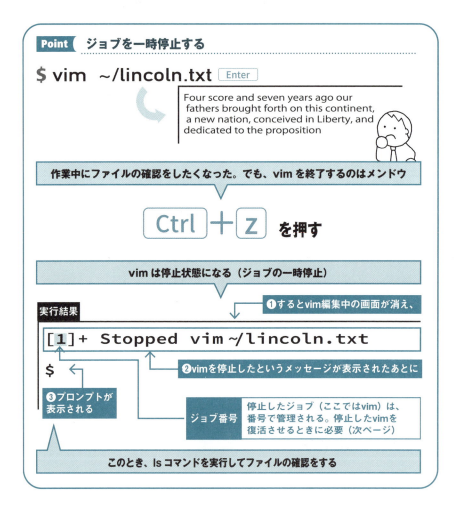

停止したジョブは再開させることができます。のちほど紹介しますが、「フォアグラウンド」「バックグラウンド」のどちらでも再開させられます。

ジョブの一覧を表示するには、次のように jobs コマンドを使います。

```
$ jobs Enter
```
▼
```
[1]-  Stopped                 vi a.txt
[2]+  Stopped                 vi b.txt
```

　ジョブの状態は実行中（Running）、停止中（Stopped）、終了（Done）で表示されます。「+」はカレントのジョブ、「-」はその直前のジョブを示します。

51-3 ジョブをフォアグラウンドで再開（実行）する

　停止したジョブを再開してみましょう。ここでは、fg コマンドを使って**フォアグラウンド**でジョブを再開（実行）する方法を紹介します。

💡 マメ知識

フォアグラウンドとバックグラウンド

コマンドは通常、フォアグラウンドで実行されます。バックグラウンドでコマンドを実行させるには、コマンドの末尾に（スペースに続けて）「&」記号をつけます。

51-4 ジョブをバックグラウンドで再開（実行）する

　プロンプトからコマンドを実行すると、処理（ジョブ）が終了するまで待つ必要があります。これを**フォアグラウンド**実行といいます。
　一方、**バックグラウンド**実行では、処理の終了を待つ必要がなくなります。このとき利用するのが bg コマンドです。
　参考までに、次の Point に 2 つの実行方法のイメージを示しておきます。

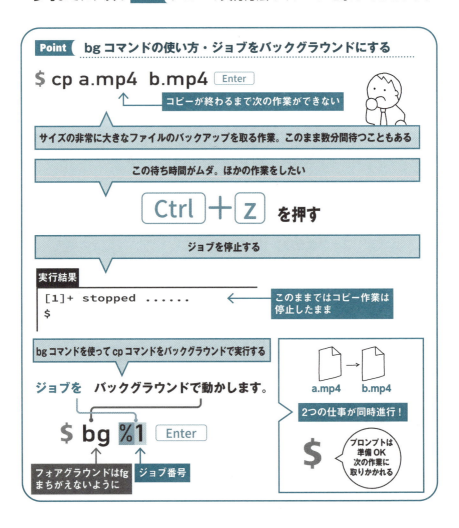

問題 1

現在実行中のすべてのプロセスを詳細情報を含めて表示させるには、どのようなコマンドを使いますか？

問題 2

現在使用中のプログラムを終了はさせずにいったん中断するには、以下のどのようなキーボード操作を行いますか？

ⓐ Ctrl キーを押しながら x キーを押す
ⓑ Ctrl キーを押しながら z キーを押す
ⓒ Alt キーを押しながら c キーを押す
ⓓ Alt キーを押しながら z キーを押す

問題 3

現在、番号 1 から 3 までの 3 つのジョブが中断されています。このうち、1 番目のジョブを再開させたい場合は、どのようなコマンドを使いますか？

ⓐ fg %1
ⓑ fg 1
ⓒ bg 1
ⓓ jobs

解答

問題 1 解答

正解は ps –aux。

プロセスを表示させるには ps コマンドを使いますが、オプションとして –a は全プロセスの表示、–u はプロセスのユーザー名と開始時刻を、–x は制御端末のない、すなわちユーザーが端末から指定したコマンド以外のプロセスも表示させます。またオプションの –f をつけると、プロセスの親子関係をツリー形式で表示します。

問題 2 解答

正解はⓑの Ctrl キーを押しながら z キーを押す。

このときジョブは停止状態となり、まだメモリー上に残っていますが、処理はされていない状態になります。ジョブを強制的に終了させるときは、Ctrl キーを押しながら c キーを押します。

問題 3 解答

正解はⓐの fg %1。

数字の 1 は表示されるジョブ番号になります。jobs コマンドを使うと、現在メモリー上で展開されているジョブを表示します。このとき –r オプションで実行中のジョブだけを、オプションの –s で停止中のジョブだけをそれぞれ表示することもできます。

第11章 ネットワークのきほん

- **52** そもそもネットワークって Linux と関係あるの？
- **53** プロトコルと TCP/IP
- **54** IP アドレスとサブネット
- **55** パケットとルーティング
- **56** 名前解決
- **57** ポート番号
- **58** ネットワーク設定のきほん
- **59** ネットワークコマンドの簡単なまとめ

52 そもそもネットワークって Linux と関係あるの？

第 11 章　ネットワークのきほん

UNIX はその初期の頃からネットワークと密接な関係にありました。現在でも Linux はサーバーやネットワーク機器のなかで数多く使われています。そんな Linux とネットワークの関係について学びましょう。

52-1 ネットワークとLinuxには深い関係がある

　WindowsやmacOSのようなクライアント用のOSでは、ネットワークの設定はほぼ自動的に行われ、ユーザーが設定する場面はあまり多くありません。Linuxでもクライアント用のディストリビューションなら、ネットワークの設定はクライアントOSなみに自動的に設定が行われるものもあります。
　しかし、Linuxはサーバー用として多く使われるOSなので、自動的な設定だけでは不十分なことが多いのです。このため、Linuxを扱ううえでは、ネットワークの知識、ネットワーク設定の知識が必須になります。

> Linuxを扱ううえで、ネットワークの基礎的な知識や設定の知識は必須です。

52-2 マシンが2台あればネットワークになる

　コンピューターが他のコンピューターなどに接続されておらず、孤立した状態にあることを**スタンドアロン**といいます。
　2台以上のコンピューターがお互いにやり取り（通信）できるようになっていれば、**ネットワークを構成している**とみなすことができます。あるいは単にこの状態をネットワークと呼ぶこともあります。

> 　　Linuxは、ネットワークに接続して使うケースがほとんどです。

53 プロトコルとTCP/IP

第11章 ネットワークのきほん

ネットワークを知るには、「プロトコル」を知る必要があります。ここでは、プロトコルとは何か、ネットワークでの役割は何かといったことについて理解しましょう。

53-1 プロトコルは階層構造

　プロトコルの説明をするときに、必ず出てくるのが**階層**です。少し難しい概念ではありますが、階層に分けることによって、

- 1つの機械やソフトウェアで全階層を網羅しなくてすむ（つまり製造や開発がラク）
- ある階層だけを交換したり高機能化したりしても、他の階層はそのまま使える
- 同じ階層のソフトウェアやハードウェアならば交換可能なので、価格競争が起きて値段が低下する

などのメリットが出てきます。

階層の分け方にはいくつかありますが、ITU-Tなどが提唱した7階層の**OSI参照モデル**がよく使われます。Linuxで標準的に使われる**プロトコル**は**TCP/IP**ですが、これもOSI参照モデルに割り当てて説明できます。

OSI参照モデルのほかに、TCP/IPのTCPとIPの2階層にアプリケーション層とネットワークインターフェース層を加えた、4階層のモデルもよく使われます。

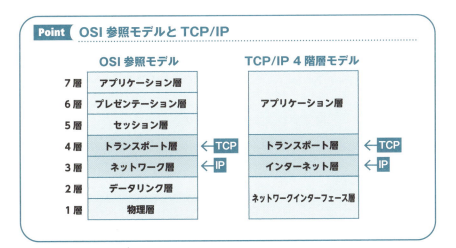

Point OSI参照モデルとTCP/IP

マメ知識

「階層」はイメージ

「階層」は概念的な存在です。実際の製品では複数の階層にまたがるプロトコルや、1つの階層に複数のプロトコルが存在することもあります。

54 IPアドレスとサブネット

第11章 ネットワークのきほん

TCP/IPの設定や運用をするうえで、IPアドレスの知識は不可欠です。10進数や2進数が出てきて難しそうに思えますが、慣れればあまり頭を悩ませずに使えるようになります。

54-1 IPアドレス

Linuxマシンのネットワークインターフェースに割り当てられているIPアドレスは、`ip`コマンド(『59-1』参照)で調べることができます。

では、このIPアドレスはどのようにして決めるのでしょうか?

IPアドレスやTCP/IPについて説明をすると、それだけで何冊もの本ができてしまうので、本書では最小限のことだけを紹介しましょう。

まず、**IPアドレス**というのは、インターネットなどのネットワークにおいて、サーバーやルーターなどの機器に割り当てられた一意の番号です。

この「一意の」、つまり重複のない番号というのが肝心です。これによって、世界中の機器のなかから目的のマシンへ到達できるのです。

> IPアドレスは世界で唯一の番号です。

マメ知識

グローバルIPアドレス

IPアドレスは唯一の番号ですが、後述するようにサブネット内などで自由に使うためのプライベートIPアドレスというものがあります。プライベートIPアドレスと区別をするために、本来のIPアドレスを「グローバルIPアドレス」あるいは単に「グローバルアドレス」と呼ぶことがあります。

IP アドレスは、32 ビットであらわされる値ですが、わかりやすくするために、aaa.bbb.ccc.ddd というふうに 3 桁の 10 進数の数値をドットで区切って表示します。

　それぞれの数字は 32 ÷ 4、すなわち 8 ビットの長さがあります。8 ビットというのは、10 進数で表記すると 0 〜 255 までの値となります。つまり 8 ビットでは 256 個の値が表現できるともいえます。

　10 進数に直した IP アドレスは、最大 255.255.255.255 まで、最小は 0.0.0.0 までの値を取ります。256 以上の値やマイナスが IP アドレスに使われることはありません。

　8 ビットで 256 個の値を表現できたように、32 ビットは、2 の 32 乗＝約 43 億種類の値を表現できます。つまり、約 43 億個の IP アドレスが表記でき

ることになります。

　実際には、将来のために予約されていたり、特定の用途に使われていたりするため、約 43 億個のすべての IP アドレスが使えるわけではありません。また、後述するようにネットワークを分割する際などにも IP アドレスは使われるので、約 43 億個といえども枯渇することが心配されるようになりました。これが、「IP アドレスの枯渇問題」です。

　いままで単に IP アドレスと書いてきましたが、aaa.bbb.ccc.ddd のように表記されるバージョン 4 の IP アドレスは、**IPv4** と呼ばれます。これに対して、128 ビットと大幅に拡張された次世代の IP アドレスが登場しています。こちらはバージョン 6 なので、**IPv6** といいます。

　IPv6 はメジャーな OS ではかなり実装されており、もちろん Linux でも利用できます。

> 💡 マメ知識
>
> **IPv4 と IPv6**
> 主に使われている IP アドレスはバージョン 4 ですが、バージョン 6 の IP アドレスの規格もあります。

54-2 IP アドレスとサブネット

　TCP/IP で運用されるネットワークでは、それぞれの機器に IP アドレスが割り当てられます。IP アドレスは一意の番号ですが、0 から順々に割り振っていくと管理がしにくいので、通常はネットワークを小さな単位（セグメント）に分割して使用します。

　たとえば、会社単位や部署単位で 1 つのネットワークを構成したとすると、これを単に**ネットワーク**、あるいは**サブネット**などといいます。一般名詞としての「ネットワーク」と紛らわしいので注意してください。ネットワークやサブネットは無数に存在し、相互に接続されています。インターネットは多くのサブネットが集まった巨大なネットワークということもできます。

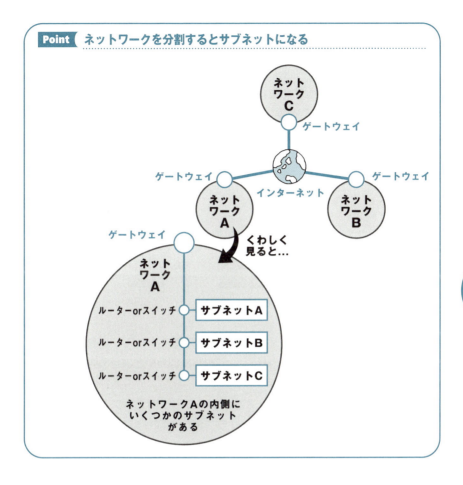

　サブネットのなかにある マシンは、相互に直接やり取りができます（できないようにすることも可能です）。一方、サブネットの外にある別のネットワークや機器と通信を行うには、出入り口を通過していくようなしくみが必要です。これを、**ゲートウェイ**といいます。

　通常の構成であれば、サブネット（ネットワーク）の外に出て行く出入り口は1つなので、ゲートウェイも1つだけというパターンがほとんどです。

　標準で使われるゲートウェイを、**デフォルトゲートウェイ**と呼ぶこともあります。ゲートウェイが1つならば、それがデフォルトゲートウェイになります。

54-3 クラスとCIDR

ネットワークをサブネットのような小さな単位に分割する手段としては、かつては**クラス**という概念が使われていました。ネットワークをその規模によってA、B、Cといった種類に分け、クラスCなら256個、クラスBなら65,536個、クラスAなら16,777,216個のIPアドレスを利用できるようにした方法です（実際にはすべてが使えるわけではないのですが）。このほかにクラスDとクラスEもありますが、特殊な用途向けです。

クラスごとのIPアドレスの範囲

クラス	アドレス範囲	割当可能なホストの個数
クラスA	0.0.0.0 〜 127.255.255.255	16,777,214
クラスB	128.0.0. 〜 191.255.255.255	65,534
クラスC	192.0.0.0 〜 223.255.255.255	254

ただし、この分け方にはムダが多いという問題もあって、いまでは使われなくなっています。これに代わり、より精緻な**CIDR**という分割方法が主流になりました。

CIDRは32ビットのIPアドレスを**ネットワーク部**と**ホスト部**に分けて使用するというシンプルなものです。クラス単位で割り当てるのに比べると、効率的にIPアドレスを運用することができます。

たとえば、あるネットワークで400個のIPアドレスが必要になった場合、クラス表記ではクラスBを1つ割り当てるしかなかったのですが、CIDRであれば、23ビットのネットワーク部を設定することで、512個を割り当てられます（ただし、400個がすべて同じサブネット内に存在する必要があるケースの場合）。

> **Point** CIDRで分割すると効率がいい

①ネットワーク部8ビットとホスト部24ビットに分割した例

XXXXXXXX XXXXXXXX XXXXXXXX XXXXXXXX

←ネットワーク部→ ←────────ホスト部────────→

────────32ビット────────

②ネットワーク部20ビットとホスト部12ビットに分割した例

XXXXXXXX XXXXXXXX XXXXXXXX XXXXXXXX

←────────ネットワーク部────────→ ←──ホスト部──→

────────32ビット────────

③ネットワーク部23ビットとホスト部9ビットに分割した例

XXXXXXXX XXXXXXXX XXXXXXXX XXXXXXXX

←──────────ネットワーク部──────────→ ←─ホスト部─→

────────32ビット────────

54-4 ネットマスクとプレフィックス表記

　ネットワーク部とホスト部を分ける際などに使われる特殊なアドレスが、**ネットマスク**や**サブネットマスク**などと呼ばれる数値です。IPアドレスと同じ表記方法で使用されます。

　ネットマスクは、ネットワーク部のビットがすべて1で、ホスト部が0という構造をしています。次の23ビットのケースでは255.255.254.0がネットマスクです。あるいはプレフィックス表記という表記方法だと、「/23」などと書いたりします。

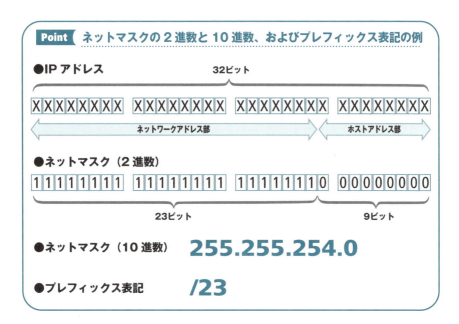

プレフィックス表記を使うと、ネットワークアドレス（後述）といっしょに「192.168.1.0/23」などと表記できます。ただし、Linuxの運用や設定では、プレフィックス表記ではないx.x.x.xの形式で入力を求められることも多いので、どちらの表記でもまごつかないように、両方の表記方法を覚えたほうがいいでしょう。

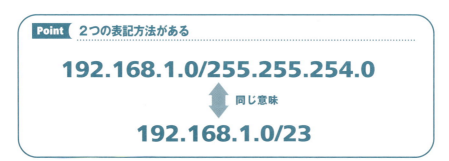

54-5 サブネットとIPアドレスの制限

ところで、サブネットに分割されたIPアドレスは、そのすべてを使えるわけではありません。

たとえば192.168.0.0/24によって割り当てられた、256個のIPアドレスがあったとします。このうち最大である192.168.0.255と最小である192.168.0.0は、ユーザーは使えません。前者は**ブロードキャストアドレス**、後者は**ネットワークアドレス**と呼ばれる、予約されたアドレスだからです。

また、一般的にネットワークから外に出て行くための出入り口（ゲートウェイ）にもIPアドレスを割り振るので、結果としてこの場合には256−3=253個のIPアドレスが、ユーザーが使用できるIPアドレスの数になります。

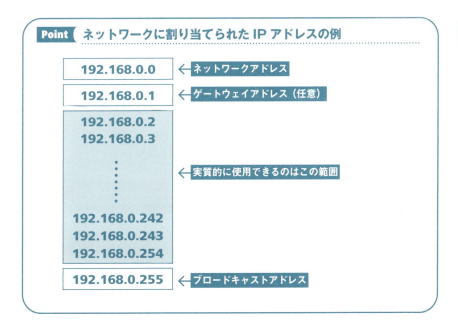

Point ネットワークに割り当てられたIPアドレスの例

ブロードキャストアドレスは、そのサブネット（ネットワーク）のすべての機器に対してパケットを送信するときに使用します。また、ネットワークアドレスは、そのサブネット全体をあらわすためのもので、プレフィックス表記とともに、ネットワークの規模とIPアドレスの範囲を示すときなどに使用します。

このように、サブネット（ネットワーク）ごとに少なくとも 3 つの IP アドレスが必要になるため、あまりに細かくネットワークを分割するのは効率が悪いといえます。

54-6 プライベート IP アドレス

IP アドレスは世界中で 1 つしかない一意の番号です。しかし、全部で約 43 億個という上限があるため、野放図に割り当てるわけにはいきません。そこで、組織の内部などでは**プライベート IP アドレス**というアドレスを使うことが推奨されています。ネットワークの内部で使うものなので、どんな IP アドレスを使用してもよさそうなものですが、このアドレスはインターネット上には転送されないので、実在する IP アドレスを使用するよりも安全です。

プライベート IP アドレスは、ブロックごとに定められています。

プライベート IP アドレスの範囲（RFC1918 より）

名称	アドレス範囲
24 ビットブロック	10.0.0.0 〜 10.255.255.255
20 ビットブロック	172.16.0.0 〜 172.31.255.255
16 ビットブロック	192.168.0.0 〜 192.168.255.255

> 💡 マメ知識
>
> **RFC**
> RFC（Request For Comments）は、インターネットなどで使われるさまざまな決まりごとをまとめた規格です。

それぞれのブロックはクラス A、クラス B、クラス C に対応しています。ルーターなどには 16 ビットブロックのプライベート IP アドレスが設定ずみのことも多いようです。ルーターの設定やネットワーク関連の書籍の IP アドレス

の例で「192.168」ではじまる IP アドレスをよく見かけるのは、このプライベート IP アドレスの範囲を使用しているためなのです。

54-7 固定的 IP アドレスと DHCP

　ルーターやサーバーのように外部からアクセスをする機器では、その機器に割り当てられる IP アドレスがコロコロ変わってしまっては困ります。IP アドレスを変更しても **DNS サーバー**に適切に設定すればアクセスができるようになるのですが、DNS サーバーは世界中にあるので、津々浦々に伝わるにはかなりの時間がかかります。

　このため、インターネットに公開するサーバーマシンにつける IP アドレスは固定されたものでなくては困ります。このように運用される IP アドレスを**固定的 IP アドレス**（固定 IP）と呼ぶことがあります。

> 変更されては困る IP アドレスには、固定的 IP アドレスを使用します。

　なお、インターネットに公開するサーバーマシンでなければ、固定的 IP アドレスである必要はありません。固定的 IP アドレスの一番多い例が、インターネットサービスプロバイダー（ISP）から割り当てられる IP アドレスです。この場合の IP アドレスはグローバル IP アドレス（これは固定的 IP アドレス）であることが多い（ISP によってはプライベート IP アドレスの場合もある）のですが、限られた IP アドレスを有効に使うため、ユーザーが使用していないときは ISP がその IP アドレスを回収します。

　IP アドレスは、DHCP サーバーが空いているアドレスのなかから割り当てるため、いつも同じとは限りません。IP アドレスが変わる可能性があります。このような IP アドレスは**動的 IP アドレス**あるいはダイナミック IP アドレスと呼ばれます。固定的な IP アドレスが必要な場合には、別途料金が発生したりします。

> 動的 IP アドレスは、IP アドレスが変わる可能性があります。

　一般的に、プライベート IP アドレスを割り当てる機器については、それぞれの機器にいちいち設定する手間を考えると、自動的に割り振るようなしくみを使ったほうが効率的です。
　そのようなしくみが **DHCP**（Dynamic Host Configuration Protocol）というもので、要求に応じて IP アドレスを割り振るサーバーを **DHCP サーバー**といいます。通常、DHCP サーバーが割り振るのはプライベート IP アドレスです（グローバル IP アドレスを使う場合もあります）。DHCP サーバーが与える IP アドレスは、空いている順番に割り当てられるので、ネットワークに接続する順序によってはいつも同じ IP アドレスになるとは限りません。
　DHCP サーバーは Linux マシンで運用することもできますが、一般的にはルーターに内蔵されています。DHCP サーバーがあれば、ネットワークに新しい機器をつなげるたびに IP アドレスの設定をする必要がなくなり、即座に機器を使えるようになります。

55 パケットとルーティング

第11章 ネットワークのきほん

TCP/IPでは、データはすべてパケットという単位でやり取りされます。実際にパケットを操作するようなことはほとんどないのですが、ネットワークの基礎知識として知っておくと、トラブルの解決などがラクになります。

55-1 データ通信のきほんはパケット

TCP/IPによる通信では、データは小さなかたまりに分けて送られます。このかたまりのことを**パケット**といいます。

アプリケーションやサーバーなどで発生したデータは、プロトコルの階層を下のほうに進むかたちで送られ、物理層まで達したあとは、ネットワークケーブルや無線などを使ってネットワークを伝わっていきます。目的の機器に達すると、今度は物理層からプロトコルの階層を上がっていき、最後に最上位であるアプリケーションやサーバー（アプリケーション層）のデータとして復元されます。

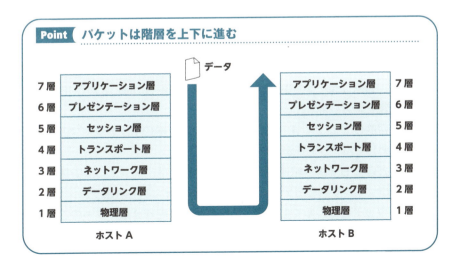

Point パケットは階層を上下に進む

55-2 パケットを送信してネットワークを診断する

Linux を操作するうえでパケットの存在を意識するのは、ping コマンドや tracepath コマンドでパケットを送信し、それに応答する様子でネットワークの状態を**診断**する場合です。

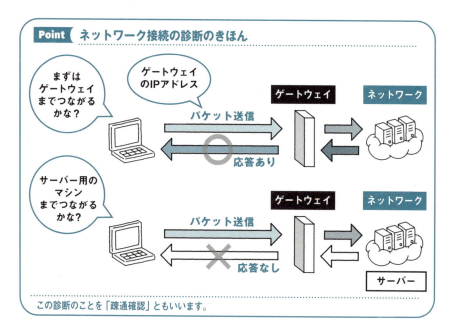

サブネットのなかのマシン（の IP アドレス）であれば、パケットはそのマシンに直接送られます。一方、サブネット外の機器に対しては経路がわからないので、通常は**ルーティングテーブル**（Routing Table）という IP アドレスの一覧表を参照します。

ここに目的の IP アドレスまでの経路があれば、そのネットワークのゲートウェイに対してパケットを送ります。

もし、どこにも経路が記述されていない場合には、デフォルトで指定されたゲートウェイ、すなわちデフォルトゲートウェイに送られます。

ゲートウェイとは、多くの場合、実際の運用現場ではルーターのことを指します。ルーターはパケットの宛先を見て、その IP があると思われるネット

ワークにパケットを転送します。もしわからなければ、上位のルーターにそのまま転送します。こうして転送されていったデータはやがて目的のネットワークのゲートウェイ（ルーター）に到着し、サブネット内にある送信相手の機器までデータが届くのです。こうした処理を**ルーティング**と呼びます。

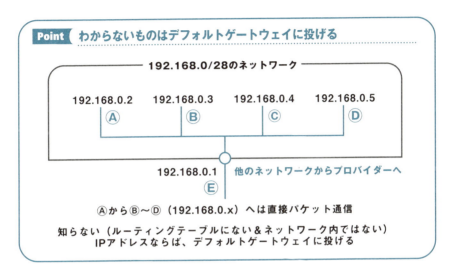

56 名前解決

第11章 ネットワークのきほん

インターネット上のWebサーバーは、ふつう、IPアドレスの代わりにドメイン名でアクセスできるようになっています。実際にはIPアドレスが割り当てられているのですが、この対応を司るのが名前解決というしくみです。

56-1 ドメイン名とIPアドレス

インターネット上にあるWebサーバーやメールサーバーなどには、一般的にドメイン名がつけられています。**ドメイン名**はIPアドレスと同様に重複しない一意の名前で、IPアドレスのように覚えにくい数値ではなく、たとえばlinux.orgのように誰でも覚えやすい名前が使われます。

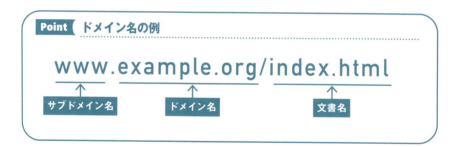

Point ドメイン名の例

ドメイン名にドットを加えて、www.example.orgのようにサブドメイン名をつけ、これをWebサーバーに割り当てるというような使われ方をします。wwwの部分は**サブドメイン名**とも呼ばれます。同様に、メールサーバーであればmbox.example.org、ftpサーバーであればftp.example.orgのようにいくつものホストに割り当てることができます。

こうして割り当てた各ホストには、当然のことながらIPアドレスが割り振られています。

このIPアドレスとドメイン名を対応させるのが、**名前解決**というしくみです。名前解決には **DNS**（Domain name system）と呼ばれるシステムを利用します。DNSは、これ自体もサーバーとして存在するので、**DNSサーバー**、あるいは単に**ネームサーバー**などと呼ばれることもあります。

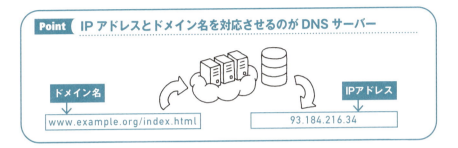

56-2 DNSサーバーは何をするのか

DNSサーバーは、ユーザーが「このドメインに対応するIPアドレスは？」と問い合わせると、自分自身のデータベースに照らし合わせ、IPアドレスがわかったらそれを返答します。これを**正引き**といいます。逆に、IPアドレスから問い合わせることもあります。これは**逆引き**と呼ばれます。

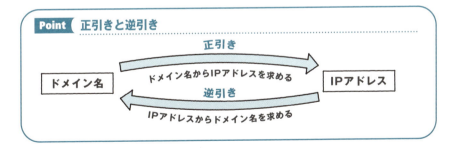

自分のデータベースに該当するドメインの情報が存在しない場合には、DNSサーバーはより上位のDNSサーバーに問い合わせを行います。DNSサーバーはツリー構造になっていて、上位でもわからなければ、さらに上位に…というようにツリーをたどっていきます。ツリーの最上位のサーバーはルートサーバーと呼ばれ、世界で13台のルートサーバーが稼働しています。

57 ポート番号

第11章 ネットワークのきほん

さまざまなタイプのデータ転送のサービスを交通整理するのが、ポート番号です。同じタイプのサービスでも番号が異なれば、まったく別の接続の扱いとなります。

57-1 サーバーとポート番号

　Webサーバーやメールサーバー、または複数のWebサーバーが1台のサーバーのなかに混在しているようなケースは珍しくありません。

　外部からこうしたサーバーにアクセスするには、ドメイン名やIPアドレスを使用しますが、その際、1つのサーバーマシンがWebサーバーとメールサーバー、または複数のWebサーバーを兼用していた場合、どうすればいいのでしょうか？

　これを識別するのが**ポート番号**です。ポート番号は、代表的なサービスについては番号が決まっています。たとえば、Webサーバーであれば80番、FTPであれば20番と21番が標準的に利用されています。こうしたポート番号のことを**ウェルノウン（Well-Known）ポート**といい、0〜1023までの番号が該当します。

ウェルノウンポート番号の一例

番号	用途
20	FTPデータ転送
21	FTPコントロール
22	セキュアシェル（SSH）
23	Telnet（平文ベースのテキスト通信プロトコル）
25	メール送受信（SMTP）
80	Webサーバー（HTTP）
110	メール受信（POP3）
123	Network Time Protocol（NTP）

このしくみによって、たとえばブラウザの URL 欄に「www.linux.org:80」などと入力しなくても、末尾に「:80」をつけないときと同じようにアクセスできます。

57-2 ルーターでも使われるポート番号

もう1つ、ポート番号が使われる例として覚えておきたいのが、ルーターです。

多くのルーターには、**NAT**（Network Address Translation）あるいは **NAPT**（Network Address Port Translation）と呼ばれるアドレス変換のしくみが搭載されています。

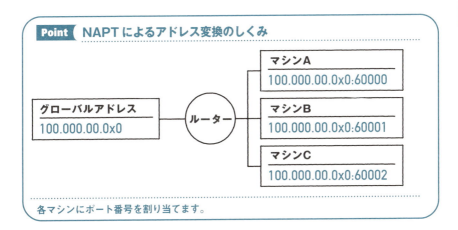

NAT とは、ルーターに割り当てられたグローバル IP をプライベート IP アドレスに変換するしくみです。しかし、ただ変換しただけでは一対多の関係になるのでうまくいきません。そこで、ポート番号を利用することで、たくみに複数のプライベート IP アドレスを割り当てることができる NAPT が主流になりました。いまでは、NAPT の意味で NAT と呼ぶこともあります。

58 ネットワーク設定のきほん

第11章 ネットワークのきほん

従来、Linux ではコマンドを使用したり、設定ファイルを書き換えたりしてネットワークの設定を行ってきました。しかし、CentOS 7 以降では統一されたコマンドが導入され、より設定がしやすくなりました。

58-1 ネットワークとマシンのきほん的な構成

　サーバーとして使うにせよデスクトップとして使うにせよ、Linux マシンをネットワークに参加させるには、参加するネットワークの情報とそのマシンに設定するいくつかの情報が必要になります。

　Linux サーバーなどをインストールしたマシンをネットワークに参加させる場合、そのマシンには IP アドレスが必要になります。IP アドレスは、そのマシンに備わっているハードウェア機器と一体になって、通信に使われます。

　ハードウェア機器とは、具体的には有線 LAN のポートのようなネットワークカードや無線 LAN カード（Wi-Fi カード）などのことをいいます。ここではカードといいましたが、現在ではマシン本体に機能として備わっていることも多くなっています。これらをまとめて**ネットワークインターフェース**といったり、有線 LAN の場合には**イーサネットインターフェース**といったりすることもあります。

　サーバーの場合、IP アドレスやネットワークインターフェースが複数あることも珍しくありません。たとえば、複数の IP アドレスを 1 台のマシンで使うケースとしては、レンタルサーバーの共有サーバーがあげられます。高性能な 1 台のサーバーに複数の IP アドレスを割り当て、それぞれのユーザーに IP アドレスを 1 つずつ提供します。この場合、ネットワークインターフェースの数が必ずしも IP アドレスと同数である必要はありません。1 台のマシンで、「100 個の IP アドレス、1 ネットワークインターフェース」という構成もあり得るのです。

一方、複数のネットワークインターフェースを1台のサーバーやマシンに搭載するケースとしては、ネットワーク同士を接続するブリッジという機器やルーター、ファイアウォールなどがあります。これらはいずれも、2つの異なるネットワークを接続し、さらに内容のチェックやルーティングなどの処理を行うための機器です。これらは単体の機器として売られていることが多いのですが、内部でLinuxが動いていることも多く、頑張ればLinuxサーバーで自作することもできます。

　しかし、最も多く使われているのは、1台のマシン（サーバーなど）に1つのIPアドレス、1つのネットワークインターフェースというケースでしょう。本書でも、この構成で設定を見ていきます。

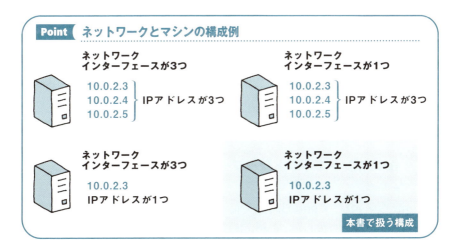

Point　ネットワークとマシンの構成例

　ネットワークを設定する際には、この他に**ゲートウェイ**（ルーター）、**ネットマスク（サブネットマスク）**、**ネームサーバー**などの情報も必要です。IPアドレスも含めたこれらの情報は、マシンを設置するネットワークの管理者が把握しています。現場で設定する際には、管理者に情報提供をしてもらう必要があります。

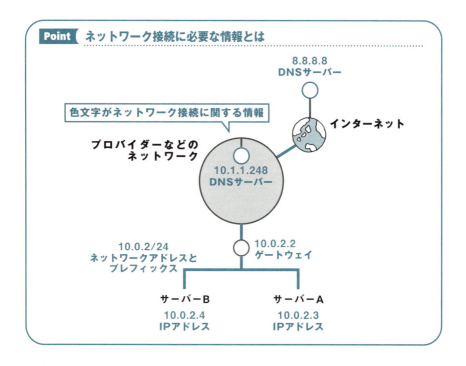

Point ネットワーク接続に必要な情報とは

58-2 ipコマンドでネットワークインターフェースを確認する

　CentOS 7より、CentOS 6までに使われていたネットワークの設定方法やコマンドが変わりました。CentOS 7ではシステム関係やプロセス関係も変わりましたが、ネットワークについては従来のコマンドがインストールされなくなったこともあり（従来までのコマンドもインストールすれば使えるようになります）、必然的に新しいコマンドや操作方法を覚える必要があります。

　従来は`ifconfig`コマンドでネットワークインターフェースの状態を確認していましたが、CentOS 7からは`ip`コマンドになりました。

> **Point** ip コマンドの使い方・ネットワークインターフェースの状態を表示する
>
> ネットワークインターフェースの状態を 表示します。
>
> $ **ip a show** Enter
>
> aはaddrを略した表記です。

　このコマンドは、ネットワークインターフェースに割り振られたIPアドレスやネットマスク、ゲートウェイなどの情報を表示します。

```
$ ip a show Enter
▼
1: lo: <LOOPBACK,UP,LOWER_UP> mtu 65536 qdisc noqueue state UNKNOWN group default qlen 1000
    link/loopback 00:00:00:00:00:00 brd 00:00:00:00:00:00
    inet 127.0.0.1/8 scope host lo
       valid_lft forever preferred_lft forever
    inet6 ::1/128 scope host
       valid_lft forever preferred_lft forever
2: enp0s3: <BROADCAST,MULTICAST,UP,LOWER_UP> mtu 1500 qdisc pfifo_fast state UP group default qlen 1000
    link/ether 08:00:27:83:3c:10 brd ff:ff:ff:ff:ff:ff
    inet 10.0.2.15/24 brd 10.0.2.255 scope global noprefixroute dynamic enp0s3
       valid_lft 86219sec preferred_lft 86219sec
    inet6 fe80::76f6:8bf0:28b4:8f57/64 scope link noprefixroute
       valid_lft forever preferred_lft forever
```

　この結果は最も一般的な、搭載された1つのネットワークインターフェースにIPアドレスを割り当てているケースです。インターフェースには1、2と番号が振られています。

　1番の「lo」は**ループバックネットワークインターフェース**と呼ばれる、論理的なインターフェースです。事実上、そのマシン自身を示すものといえ

ます。**ローカルループバック**と呼ばれることもあります。

　lo には決まった IP アドレスが割り振られます。これは「127.0.0.1 ～ 127.255.255.254」の範囲のアドレスで、これを**ループバックアドレス**と呼びます。ほとんどの場合、「127.0.0.1」が割り当てられます。ループバックアドレスは、ネットワークの動作確認などの用途で使われます。

　マシンに搭載されたネットワークインターフェースは、2番にある「enp0s3」です。ここで 2 番に何もなければ、ネットワークインターフェース自体が認識されていない、搭載されていない、壊れているなどの問題が考えられます。「enp0s3」のようにネットワークインターフェースが確認できるものの IP アドレスが割り当てられていない場合は、ネットワークインターフェースのアクティベーション（起動）が行われていない、IP アドレスが設定されていないか設定がうまくいっていない、などのケースが考えられます。

　本書の学習環境の CentOS では、enp0s3 にあらかじめ「10.0.2.x/24」という IP アドレスが割り当てられています。VirtualBox 側で「NAT」に設定していると、「10.0.x.0/24」という仮想環境のネットワークが設定されるためです。これは 8 ビットのネットワークなので、ブロードキャストアドレスは 10.0.2.255 になります。

　enp0s3 の IP アドレスは、初期状態では 10.0.2.x の x が 15 などの数値になっていると思います。この x の値は、特別な意味をもつ 0、1（ルーターに使われる。ほかの数値のこともある）、255 以外の値に交換できます。

- 参考：Oracle VM VirtualBox User Manual
  9.8.1. Configuring the Address of a NAT Network Interface
  https://www.virtualbox.org/manual/ch09.html#nat-address-config

58-3 ネットワークインターフェースを有効化する

　ネットワークの設定は、CentOS 7 より **nmtui** コマンドで**ネットワークマネージャー**（Network Manager）を利用して行えるようになりました。

　あとでシステムの設定変更を行うので、まずは su コマンドで管理者になり、続けて **nmtui** コマンドを実行しましょう。

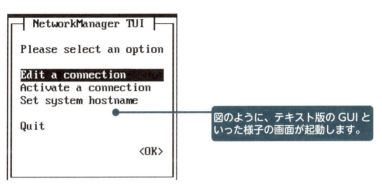

図のように、テキスト版のGUIといった様子の画面が起動します。

では、ネットワークインターフェースが動いているかどうかを確認してみましょう。1つ下の「Activate a connection」に ↑↓←→ キーでカーソルを移動させて、 Enter キーを押します。

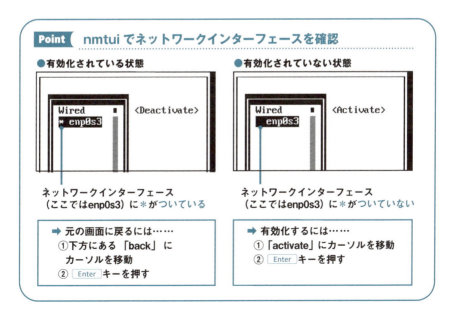

無効化されていたものを有効化した場合、nmtui の設定を実際に反映させるには、コマンドラインで `systemctl` コマンドを実行する必要があります。nmtui のトップページから「Quit」にカーソルを移動させて Enter キーを押し、nmtui を終了します。コマンドラインに戻ったら、次の `systemctl` コマンドでネットワーク機能をリスタートさせます。

```
# systemctl restart network Enter
```

　これで、nmtui の設定が無事に反映されるはずです。

58-4　nmtui で固定的 IP アドレスを設定する

　本書付属の学習用の CentOS は、マシンに IP アドレスを「automatic（自動）」で振るように設定しています。自動にしておくと、特に指定しなくても「10.0.2.15」のような IP アドレスとその他の情報を得ることができ、とても便利です。これは、多くの家庭用ルーターと同様のしくみです。

　しかし、マシンを Linux サーバーとして使用する場合などには、マシンに IP アドレスを明示的に設定する必要があります。自動で振るように設定しておくと何かのタイミングで IP アドレスが変わってしまい、サーバーとしてはこれでは困るからです。

　ネットワークの設定は、外部のネットワーク構成なども影響するので、とても多くの情報が必要になります。本書の目的から外れてしまうため、ネットワーク設定の詳細については、本書では説明を省きます。ここでは、マシンに固定的 IP アドレスを設定する方法についてだけ説明します。

　先にも述べたように、本書の学習用の CentOS 7 では VirtualBox から 10.0.x.0/24 の IP アドレスが振られるようになっているので、この範囲で固定的 IP アドレスを振れば、ネットワークの動作に影響はありません。ここでは、試しに次の表にある値を設定してみましょう。

設定に必要な情報	設定する値
マシンに与える IP アドレス	10.0.2.80
マシンの所属するネットワーク	10.0.2/24
ゲートウェイ	10.0.2.2
DNS サーバー	8.8.8.8

初期設定、つまり automatic で与えられるものから変更しているのは、「マシンに与える IP アドレス」と「DNS サーバー」の値です。DNS サーバーの 8.8.8.8 は google が提供するオープンな DNS サーバーです。覚えやすいのでよく使われます。

これらを nmtui で設定してみましょう。

① nmtui を起動します。

```
# nmtui Enter
```

② 「Edit a connection」にカーソルを移動させて、Enter キーを押します。
③ ネットワークインターフェースにカーソルを移動させて、Enter キーを押します。

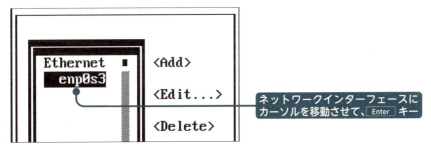

④ 次の画面で、「IPv4 CONFIGURATION」の右にある「Automatic」にカーソルを移動させ Enter キーを押します。
⑤ 表示された項目のなかから「Manual」にカーソルを移動させ Enter キーを押します。
⑥ 「IPv4 CONFIGURATION」の行の右端にある「Show」にカーソルを移動して Enter キーを押します。

⑦ 各項目の「Add」にカーソルを移動して Enter キーを押すと、値を入力できるようになります。

⑧ 図を参考に値を入力します。

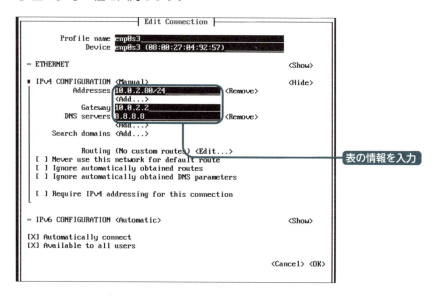

⑨ 入力が終わったら右下にある「OK」にカーソルを移動し、Enter キーを押します。

⑩ 次の画面で「Back」を選択してトップページに戻り、念のためもう一度「Activate a connection」でネットワークインターフェースが有効化されているかどうかを確認します。無効化されていたら有効化します。

⑪ コマンドラインに戻り、nmtui で行った設定を反映させます。

```
# systemctl restart network Enter
```

では、ネットワークインターフェースがどうなっているか、確認してみましょう。IP アドレスが変わっていれば成功です。

```
# ip a show Enter
```
▼

```
1: lo: <LOOPBACK,UP,LOWER_UP> mtu 65536 qdisc noqueue state UNKNOWN
group default qlen 1000
    link/loopback 00:00:00:00:00:00 brd 00:00:00:00:00:00
    inet 127.0.0.1/8 scope host lo
       valid_lft forever preferred_lft forever
    inet6 ::1/128 scope host
       valid_lft forever preferred_lft forever
2: enp0s3: <BROADCAST,MULTICAST,UP,LOWER_UP> mtu 1500 qdisc pfifo_
fast state UP group default qlen 1000
    link/ether 08:00:27:04:92:57 brd ff:ff:ff:ff:ff:ff
    inet 10.0.2.80/24 brd 10.0.2.255 scope global noprefixroute
enp0s3
       valid_lft forever preferred_lft forever
    inet6 fe80::1f69:7f1c:3c49:e185/64 scope link noprefixroute
       valid_lft forever preferred_lft forever
```

58-5 nmcli コマンドで IP アドレスを設定する

『58-4』では nmtui でマシンに固定的 IP アドレスを設定しましたが、nmcli コマンドでも設定可能です。ここでは nmcli コマンドでの設定方法を簡単に紹介しましょう。

一般ユーザーでログインしていた場合は、まずは su コマンドで管理者ユーザーになります。

```
# su Enter
paaword: ← ユーザーのパスワードを入力して Enter
```

固定的 IP アドレスを設定するには、次のようにします。" 内の最初の数字はマシンに設定する固定的 IP アドレス / プレフィックス（ネットワークの大きさ）、2 番めの数字はゲートウェイのアドレスです。

```
# nmcli c mod enp0s3 ipv4.method manual ← 1行で書く
ipv4.addresses "10.0.2.80/24" ipv4.gateway "10.0.2.2" Enter
```

次に、DNS サーバーについても設定しましょう。

```
# nmcli c mod enp0s3 ipv4.dns "8.8.8.8" Enter
```

どちらも長いコマンドですが、1 行で済むので、ヒストリー機能を利用しつつ試行錯誤する場合には便利です。

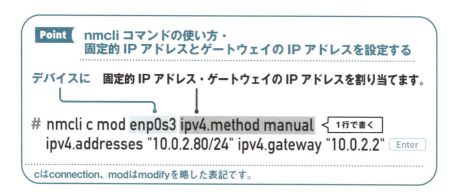

設定を反映するには、次の systemctl コマンドでネットワーク機能をリスタートさせるか、

```
# systemctl restart network Enter
```

次のように、デバイス単位で無効化したあとに有効化してもかまいません。

```
# nmcli c down enp0s3 Enter
# nmcli c up enp0s3 Enter
```

58-6 nmcliコマンドでデバイスを表示する

マシンにどのようなネットワークインターフェースが搭載されているのかは`ip`コマンドで確認できますが、デバイスについては`nmcli`コマンドで確認できます。

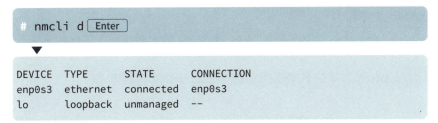

結果がごちゃごちゃしていないので、わかりやすいですね。

59 ネットワークコマンドの簡単なまとめ

第11章 ネットワークのきほん

CentOS 7 以降でも、もちろんネットワーク系のコマンドが用意されています。ここで紹介するコマンドは非推奨となった CentOS 6 以前のコマンドではないので、安心して使ってください。

59-1 ip コマンドで情報を得る

`ip` コマンドは、主に情報を得るためのコマンドです。CentOS 6 までに使われていたコマンドのいくつかをこの ip コマンドが引き受けています。具体的には `ifconfig`、`route`、`arp` のようなコマンドです。それぞれの役割を比較しながら見てみましょう。

CentOS 7 以降	CentOS 6 以前	内容
ip a[ddr]	ifconfig	ネットワークインターフェースの情報を見る
ip r[oute]	route	ルーティングテーブルの情報を見る
ip n[eighbor]	arp	IP アドレスから MAC アドレスの情報を得る

※ [] は省略可能

`ip addr` コマンド以外はちょっと難しく、使うことはあまりないかもしれません。

59-2 ping コマンドで応答があるかどうかを確認する

`ping` コマンドは、指定した IP アドレスに特殊なパケットを投げて、応答があるかどうかでその IP アドレスのマシンが存在するか、動作しているかを判断するものです。IP アドレスではなく、名前解決ができる環境であればドメイン名を指定することもできます。

ネットワークの問題を解決するための基本中の基本のコマンドですが、過

信は禁物です。最近の傾向として、外部からの ping には応答しないサーバーやネットワーク機器が増えているからです。あくまでも調べるための手段の1つと考えてください。

```
$ ping -c 3 10.0.2.2 Enter
```
↑ -cオプションでパケットを送る回数を指定（ここでは「-c 3」で3回）

▼

```
PING 10.0.2.2 (10.0.2.2) 56(84) bytes of data.
64 bytes from 10.0.2.2: icmp_seq=1 ttl=64 time=0.192 ms
64 bytes from 10.0.2.2: icmp_seq=2 ttl=64 time=0.494 ms
64 bytes from 10.0.2.2: icmp_seq=3 ttl=64 time=0.609 ms

--- 10.0.2.2 ping statistics ---
3 packets transmitted, 3 received, 0% packet loss, time 2000ms
rtt min/avg/max/mdev = 0.192/0.431/0.609/0.177 ms
```

59-3 tracepath コマンドで経路を確認する

従来は traceroute として使われていたコマンドです。ping コマンドと同様、tracepath コマンドもよく使われます。

tracepath コマンドは、目的の IP アドレスまでの経路とかかった時間を表示します。ネットワークが途絶していたり、異常に時間がかかっていたりする場所などの情報を得られるので、それらの情報を元にトラブルの原因を推察できるのです。

```
$ tracepath 8.8.8.8
```

▼

```
 1?: [LOCALHOST]                                      pmtu 1500
 1:  gateway                                               0.225ms
 1:  gateway                                               1.118ms
 2:  no reply
 3:  no reply
～略～
```

59-4 nmcliコマンドはいろいろ確認できる

　nmcliコマンドは、表に示すようにさまざまな使い方ができるコマンドです。ipコマンドと重複するところもあります。

コマンド	内容
nmcli c[onnection]	コネクションの情報を見る
nmcli d[evice]	デバイスの情報を見る
nmcli g[eneral]	全般的な情報を見る
nmcli n[etworking]	ネットワークの情報を見る

※ [] は省略可能

第11章 練習問題

問題 1

TCP/IPの4階層モデルの正しい組み合わせはどれですか？

ⓐ TCP →アプリケーション層、IP →ネットワークインターフェース層
ⓑ TCP →アプリケーション層、IP →トランスポート層
ⓒ TCP →トランスポート層、IP →ネットワークインターフェース層
ⓓ TCP →トランスポート層、IP →インターネット層

問題 2

インターネットではIPアドレスと呼ばれる数字で個々のサーバーが識別されますが、この数字を直接入力しなくても、「XXX.com」といったようなアドレスで特定のサーバーに接続することができます。このような、名前からIPアドレスを指定するしくみを何と呼びますか？

問題 3

ネットワークの状態や構成情報を調べるコマンドは、次のどれですか？

ⓐ at
ⓑ net
ⓒ ip
ⓓ ping

解 答

問題 1 解答

正解はⓓの TCP →トランスポート層、IP →インターネット層。

TCP/IP のプロトコル（通信のための連絡手続き）は、インターネット層で動作する IP と、トランスポート層で動作する TCP で通信します。

問題 2 解答

正解は DNS（Domain Name System）。

このようなしくみを DNS（Domain Name System）といいます。DNS サーバーには、ドメイン名と IP アドレスの組み合わせのデータベースが保持されています。DNS サーバーは階層上に配置されていて、最初のサーバーで名前解決ができない場合は、より上位のサーバーへ照会します。ツリー構造の最上位には大元になる 13 台のルートサーバーが稼働しています。

問題 3 解答

正解はⓒの ip。

システムがもっているネットワークインターフェースについて、ネットワークの状態や設定情報、送受信したパケット数等を知ることができます。類似のネットワーク情報は、netstat コマンドで見ることもできます。

第12章 レンタルサーバー、仮想サーバー、クラウドのきほん

60 レンタルサーバーから仮想サーバー、クラウドへ

60 レンタルサーバーから仮想サーバー、クラウドへ

第12章 レンタルサーバー、仮想サーバー、クラウドのきほん

本書は主にLinuxを直接操作する方法を解説してきました。しかし、実際のサーバー管理の現場では、さまざまなリモート環境で操作することも少なくありません。そこで本書の最後に、インフラエンジニアなどを目指すなら知っておいたほうがいい知識を簡単に紹介しておきます。

60-1 レンタルサーバーとは

　従来、サーバーはサーバーを管理する人の近くにあり、管理者はサーバーを直接、あるいは自分のPCからリモートで接続して操作していました。

　しかし、小さな組織や会社でもメールやWebサービスを提供するのが当たり前になってくると、「サーバーを誰が管理するのか」という問題が発生します。小さな会社で専任のサーバー管理者を置くのは難しいからです。

　たとえ、運よく社員の誰かにスキルがあってサーバーの操作ができたとしても、通常業務に加えてサーバーやネットワークのメンテナンスまで担当するのは、負担が大きすぎます。

　そこで登場したのが、さまざまなサーバー機能を提供する**レンタルサーバー**という業態です。

　レンタルサーバーは、いろいろなサービスを提供しています。

- ドメイン
- メール
- Webサーバー
　など

　これらの機能は個別に契約したり、いくつかをパックにして契約したりすることができます。

　また、サーバーを1台丸ごと専有して、LinuxやWindowsをインストールし、その上に好きなサーバープログラムをインストールする、という方法もあります。

　こうしたレンタルサーバーを操作するには、最近ではWebブラウザを通じて行うケースが増えていますが、リモート接続によってターミナル画面で操作できるレンタルサーバーも多くあります。

　後者の場合、リモート接続にはSSHというプロトコルを使います。通信速度にもよりますが、自分のマシンでLinuxを動かしているのと変わらない操作環境が得られます。

特に 1 台を専有し、OS をインストールした状態で借りる場合は、さまざまな作業をリモートで行う必要があるので、SSH 接続は必須です。

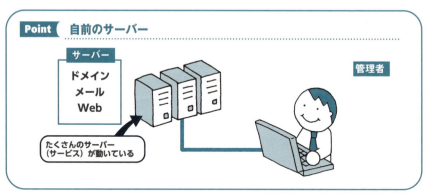

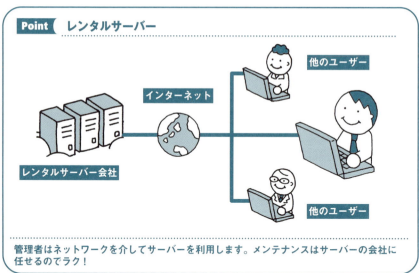

60-2 仮想サーバーとは

　専用サーバーは自由度が高い反面、1台をまるまる使うため、それなりにコストがかかります。

　もう少し安い費用で、自由度の高いレンタルサーバーはないか……そんな要望に応えたのが、**VPS**（Virtual Private Server）です。

　VPSは**仮想化技術**というものを使い、1台のサーバーのなかで仮想的に何台ものサーバーを動かすしくみです。それぞれのサーバーは独立して動作するので、ユーザーは専用サーバーを使っているのと変わりない自由度・操作感を得られます。そして、1台のサーバーを複数のサーバーとして提供できるので、コストも安くすむというわけです。

　こうしたサービスを実現できるようになったのは、サーバーに使われるマシンの性能向上とネットワーク環境の高速化、というのが背景にあります。

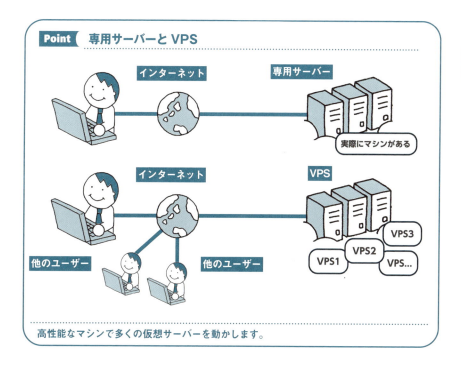

Point　専用サーバーとVPS

高性能なマシンで多くの仮想サーバーを動かします。

ところで、本書の CentOS を動かすのに使用している VirtualBox も、仮想化技術を利用しています。Windows で動作する VirtualBox のなかに、CentOS7 をインストールして操作しています。

　本書での VirtualBox の使い方と VPS との違いは、サーバーに接続されたコンソール（キーボード）から直接操作しているか否かだけです。もし、他の PC から VirtualBox をリモート接続できるように設定すれば、そのまま VPS のように使用することも可能です。

60-3　VPS からクラウドへ

　VPS は比較的安い費用で使うことができますが、使用していない・いるにかかわらず料金が発生します。また、使いたい機能が増えたり、契約している容量に近づいたりして手狭になったら新しいサーバーに乗り換える必要があり、ビジネスの変化に伴って使い勝手が悪くなることもあります。

　一方、仮想化技術の進化はますます進み、仮想化サーバーに対して、メモリ、ハードディスク・SSDF（ストレージ）、CPU パワーといったサーバーの機能（リソース）を細かく割り振ることができるようになりました。こうした技術を応用したのが**クラウド**（Cloud）というサービスです。

　クラウドでは、一般にリソースを選べます。ここが重要なのですが、クラウドでは「リソースをあとから変更することもできる」のです。

　たとえば、「スタート時点ではどれくらいのアクセスがあるのかわからないサービスを実験的にはじめる」というケースを考えてみましょう。クラウドを使えば、最初は少ないリソースで契約しておき、アクセスが多いようなら CPU やメモリを段階的に増やす、ということが可能になります。

　管理者はサーバー乗り換えの手間をかけずにビジネスの変化に対応でき、費用の面で考えても最適なコストで運用できるのです。

　VPS やクラウド上で動かしている仮想サーバーを**インスタンス**と呼びますが、サーバーがいらなくなったらインスタンスを止めることもできます。

　クラウドではインスタンスが稼働していないと、費用があまりかからないことが多いようです。このため、常時提供する必要のない、たとえば季節ご

とのプロモーションなどはインスタンスを保存しておき、必要なときにインスタンスを稼働させる、といった使い方ができます。柔軟な運用が可能なことも、クラウドのいいところです。

Point クラウド

クラウドはリソースを自由にいつでも変えられます。

このように、よいところばかりのクラウドですが、注意しなければならない点もあります。注意点の代表例が、「リソースは使用料に応じて増える」という料金体系になっている場合です。この場合、自社が利用したい、または提供したいサービスについて「いくらかかるのかわからない」「予算が立てられない」といった問題が生じることがあります。

第12章 練習問題

問題1

VPSで使われている、1台のサーバーのなかで仮想的に何台ものサーバーを動かすしくみのことを何といいますか。

問題2

VPSやクラウド上で稼働している仮想サーバーを何といいますか。

解答

問題1 解答

正解は仮想化技術。

VirtualBoxでも仮想化技術は使われています。

問題2 解答

正解はインスタンス。

クラウドを使うことのメリットに、このインスタンスの存在があります。サービスや契約内容によりますが、必要のないときはインスタンスを停止し、費用を抑えるといった運用が可能です。

さくいん

記号・数字

# (プロンプト)	47
$ (プロンプト)	47
$ (正規表現)	219
( ) (正規表現)	219, 225
- (オプション)	53
- (正規表現)	219
* (正規表現)	219, 222
* (ワイルドカード)	171
. (カレントディレクトリ)	207
. (正規表現)	219, 221
..	70
.bashrc	193
/	63
/etc/fstab	262
? (正規表現)	219, 220
? (ワイルとカード)	171
[ ] (正規表現)	219, 223
[ ] (ワイルドカード)	172
^ (正規表現)	219, 223
{} (正規表現)	219
{} (ワイルドカード)	173
	(パイプ機能)	217
	(正規表現)	219, 225
~	71
\	173, 219
+ (正規表現)	219
< (リダイレクト)	214
> (リダイレクト)	211
>> (リダイレクト)	212
4階層モデル	283

A

alias	182, 183
Android	21
Apache	24
arp	314

B

bash	169
bg	276
BIND	25

C

cal	51
cat	88
cd	65, 67, 69
CentOS	30, 31
chgrp	160
chmod	149, 150
chown	159, 160
CIDR	288
cp	91, 92, 93, 95, 97, 98, 99, 100

D

| date | 48 |

DebianGNU/Linux	30
Debian 系	29
df	229
DHCP	294
DHCP サーバー	294
DNS	299
DNS サーバー	25, 293, 299
Dovecot	24

E

echo	200
egrep	218, 219
Emacs	131
exit	56, 66, 143
export	190
ext	255, 258
ext2	258
ext3	258
ext4	258

F

FAT	258
fdisk	260
Fedora	30
fg	275
find	206, 207, 208, 209
FTP サーバー	25

G

grep	205
groupadd	157
groupdel	159
groups	151
GUI	26
gzip	230, 232

H

head	204
help	189
history	180

I

ifconfig	314
IMAP	24
iOS	21
ip	304, 305, 314
ip addr	314
ip neighbor	314
ip route	314
IPv4	286
IPv6	286
IP アドレス	284
i ノード	226, 229

J

jobs	275

K

kill	268, 269

L

LANG	187
less	88, 89
Linux	19
ln	226, 227
ls	74, 75, 76, 77, 78, 80, 82

M

macOS	21
man	54
MariaDB	25
mkdir	104, 261
mke2fs	261
mount	261
mv	102, 103
MySQL	25

329

N

- nano ... 130
- NAPT ... 301
- NAT ... 301
- Nginx ... 24
- nmcli ... 311, 313
- nmcli connection ... 316
- nmcli device ... 316
- nmcli general ... 316
- nmcli networking ... 316
- nmtui ... 306

O

- OpenBSD ... 21
- Oracle Database ... 25
- Oracle VM VirtualBox ... 35
- OS ... 19
- OSI 参照モデル ... 283

P

- passwd ... 154, 155
- PATH ... 186
- ping ... 314
- POP/POP3 ... 24
- Postfix ... 24
- PostgreSQL ... 25
- printenv ... 190
- ProFTPD ... 25
- ps ... 267
- PS1 ... 184
- pwd ... 65
- pwgen ... 155

R

- Red Hat Enterprise Linux ... 30
- Red Hat 系 ... 29
- RFC ... 292
- rm ... 106
- rmdir ... 105
- root ... 136
  - ログイン ... 142
- route ... 314
- rpm ... 240, 241, 242
- RPM パッケージ ... 240

S

- Samba ... 24
- Sendmail ... 24
- set ... 191, 192
- shopt ... 192
- shutdown ... 162, 163
- Solaris ... 21
- sort ... 202
- Squid ... 25
- su ... 142
- sudo ... 143
- systemctl ユーティリティ ... 161
- systemctl ... 270
- systemctl kill -s 9 ... 270
- systemctl poweroff ... 161
- systemctl reboot ... 161, 162
- systemctl restart ... 270
- systemctl restart network ... 308
- systemctl start ... 270
- systemctl stop ... 270
- systemctl --type service ... 270

T

- tail ... 204
- tar ... 230, 231, 232, 233
- TCP/IP ... 283
- tracepath ... 315
- traceroute ... 315
- type ... 189

U

Ubuntu 30
UNIX 21
unmount 262
useradd 153
userdel 156
usermod 158

V

vi 116, 122
vim 116
vimtutor 129
VIM エディター 115, 116
VirtualBox 35
　起動 37
　終了 40
vi エディター 115, 116
　起動 116
　終了 120
VPS 323
vsftpd 25

W

wc 201
Web サーバー 24
wheel 152

Y

yum 242, 243
yum check-update 244
yum erase 249
yum info 246
yum install 248
yum list 243
yum remove 249
yum search 247, 250
yum search all 250
yum update 245

YUM パッケージ 242

あ

アーカイブ 230
アクセス権 145
アクセス時刻 209
圧縮 230
アプリ 19
アプリケーション 19
アプリケーションソフト 19
アンドゥ 127
アンマウント 259, 262

い

イーサネットインターフェース 302
依存性 249
一般ユーザー 137
インスタンス 324
インストール 29

う

ウェルノウンポート 300

え

エイリアス機能 182
エディター 114

お

応用ソフト 19
応用ソフトウェア 19
オープンソース 21
オプション 53
オペレーティングシステム 19
親ディレクトリ 63

か

カーネル 21, 266
階層 282, 283

331

外部コマンド 189
隠しファイル 82
拡張子 87
仮想化アプリケーション 34
仮想化技術 323
仮想サーバー 323
カレントディレクトリ 65
管理者ユーザー 136

き

起動 44
基本ソフト 19
基本ソフトウェア 19
逆引き 299
キャラクタデバイス 257

く

組み込みコマンド 189
クライアント 22
クライアント・サーバー型 22
クラウド 324
クラス 288
クラス A 288
クラス B 288
クラス C 288
グループ 144
グローバル IP アドレス 284

け

ゲートウェイ 287, 296, 303
ゲスト OS 39

こ

固定 IP 293
固定的 IP アドレス 293
コマンド 47
コマンドモード 116
コマンドライン 47

コマンド履歴機能 178

さ

サーバー 22, 270
サーバー OS 23
サービス 23, 270
再帰的 82
作成時刻 209
サブディレクトリ 63
サブネット 286
サブネットマスク 289, 303

し

シェル 169
シェル変数 185
システムユーザー 137
実行ファイル 79
ジョブ 273
所有者 144
診断 296
シンボリックリンク 226

す

スーパーユーザー 136
スタンドアロン 281

せ

正規表現 218
正引き 299
絶対パス 63

そ

相対パス 63, 67
挿入モード 117
ソート 202
ソフト 19
ソフトウェア 19

332

た

ダイナミックIPアドレス 293

つ

通常ファイル 85

て

ディストリビューション 28
ディレクトリ 60, 85
データファイル 79
データベースサーバー 25
デーモン 270
テキストファイル 84
デバイススペシャルファイル 256
デバイスファイル 85, 255, 256
デフォルトゲートウェイ 287
展開 232

と

動的IPアドレス 293
ドットファイル 82
ドメイン名 298

な

名前解決 299

ね

ネームサーバー 299, 303
ネットマスク 289, 303
ネットワーク 286
ネットワークアドレス 291
ネットワークインターフェース 302
ネットワーク部 288
ネットワークマネージャー 306

は

パーティション 260
ハードウェア機器 302
ハードリンク 226
パーミッション情報 146
パイプ機能 217
パケット 295
パスワード 44, 154
バックグラウンド 276
パッケージ 239

ひ

引数 51
ヒストリー機能 178
標準エラー出力 214
標準出力 211, 215
標準入力 211, 214, 215

ふ

ファイル 254
ファイルサーバー 24
ファイルシステム 255
フォアグラウンド 275, 276
プライベートIPアドレス 284, 292
プライマリグループ 151
プレフィックス表記 290, 291
プロキシサーバー 25
プロセス 267
プロセスID 269
ブロックデバイス 257
プロトコル 282, 283
プロンプト 47

ほ

ポート番号 300
ホームディレクトリ 66
補完機能 174
ホストOS 39
ホストキー 39
ホスト部 288

ま

マウント 259, 261
マウントポイント 261

め

メールサーバー 24
メタキャラクタ 219
メタ文字 219

ゆ

ユーザー 144
ユーザー名 44
ユニット 270

り

リダイレクト 211
リドゥ 127

る

ルーティング 297
ルーティングテーブル 296
ルートディレクトリ 62
ループバックアドレス 306
ループバックネットワーク
インターフェース 305

れ

レンタルサーバー 321

ろ

ローカルループバック 306
ログアウト 56
ログイン 44
ロケール 49, 187

わ

ワイルドカード 171

著者プロフィール

河野 寿（かわの ことぶき）

小学生のときは、秋葉原で電子キットなどを買い求め、ラジオやブザーなどをつくる、普通の少年だった。その後、理系の学校でコンピューターとは良好な関係を保ちつついろいろなものに手を出し、今に至る。

- 著書：「玄箱PROの本」、「Cygwinコンパクトリファレンス」、「図解で明解 メールのしくみ」（以上、毎日コミュニケーションズ）、「いっきにわかるパソコン購入のツボ」（宝島社）他。

装幀／イラストレーション	MORNING GARDEN INC.
校正協力	森 隼基

イラストでそこそこわかるLinux
コマンド入力からネットワークのきほんのきまで

2020年 2月28日 初版 第1刷発行

著　　者	河野 寿（かわの ことぶき）
発　行　人	佐々木 幹夫
発　行　所	株式会社 翔泳社（https://www.shoeisha.co.jp/）
印刷・製本	株式会社廣済堂

©2020 Kotobuki Kawano

本書は著作権法上の保護を受けています。本書の一部または全部について（ソフトウェアおよびプログラムを含む），株式会社翔泳社から文書による許諾を得ずに，いかなる方法においても無断で複写，複製することは禁じられています。

本書へのお問い合わせについては，2ページに記載の内容をお読みください。

造本には細心の注意を払っておりますが，万一，乱丁（ページの順序違い）や落丁（ページの抜け）がございましたら，お取り替えします。03－5362－3705までご連絡ください。

ISBN978-4-7981-6178-5　　　　　　　　　　Printed in Japan